実験医学別冊

Are your proteins OK???

あなたのタンパク質精製、大丈夫ですか?

編集◆
胡桃坂仁志 Kurumizaka Hitoshi
東京大学定量生命科学研究所
有村泰宏 Arimura Yasuhiro
東京大学定量生命科学研究所

貴重なサンプルをロスしないための**達人の技**

羊土社
YODOSHA

【注意事項】本書の情報について─────────────────

　本書に記載されている内容は，発行時点における最新の情報に基づき，正確を期するよう，執筆者，監修・編者ならびに出版社はそれぞれ最善の努力を払っております．しかし科学・医学・医療の進歩により，定義や概念，技術の操作方法や診療の方針が変更となり，本書をご使用になる時点においては記載された内容が正確かつ完全ではなくなる場合がございます．また，本書に記載されている企業名や商品名，URL等の情報が予告なく変更される場合もございますのでご了承ください．

はじめに

近年のゲノム編集技術，次世代シークエンサー，イメージング技術，そして構造生物学の発展などによって，生命科学研究に新たな時代が開かれました．その一方で，これらの研究から得られた結果を多面的なアプローチによって検証することが求められ，その際に精製タンパク質を用いた生化学的な解析が重要になってきています．

　タンパク質は，アミノ酸が重合したポリマーですが，その配列に依存して独自の立体構造を形成し，独自の機能を発揮しています．生命活動は，このようなタンパク質の構造と機能の多様性によって担われています．しかし，実際にタンパク質を精製しようと思っても，さまざまな"コツ"や細かな"注意点"などが存在するため，なかなかうまく精製できずに研究が止まってしまうことがよくあります．このような取り扱いの難しさが，タンパク質の精製を行ってみたいけれども手を出せない，もしくは実験が思うとおりに進行しない大きな原因となっているのではないでしょうか．研究対象としているタンパク質に関して，よい扱い方を発見して精製法を確立したときには，なんとも言えない達成感があるものです．

　このようにタンパク質精製においては気をつけるべきポイントが多く，タンパク質実験を行っている方であっても，間違った取扱いを自

覚せずに失敗を繰り返している可能性があります．そこで本書では，タンパク質実験をこれからはじめる方だけでなく，現在タンパク質実験に困っている方も対象にしています．また，実際に実験を行う学生・若手研究者から，後進を教育する先生方まで幅広い層にお役立ていただけるようにしました．われわれが種々のタンパク質を扱うなかで培ってきたタンパク質の基本的な取り扱い法，精製法，ならびに解析法などについて，さまざまな事例を想定しつつ紹介し，正しい知識や技術を取得するための基礎を提供します．さらに，重要な周辺知識についても概説するよう心がけました．

　はじめてタンパク質を取り扱うことを考えている方にも理解しやすいよう，必要な知識を簡潔にまとめています．すでに経験のある研究者におかれましても，タンパク質の精製法についての確認の書としてご利用ください．本書を，タンパク質を扱う多くの研究者や学生の方々に役立てていただければ幸いです．

2018年7月

胡桃坂仁志，有村泰宏

あなたのタンパク質精製、大丈夫ですか？

はじめに ……………………………………………………………… 胡桃坂仁志，有村泰宏　3

第1章　タンパク質のこと，ちゃんと知っていますか？

1 タンパク質とDNAを同じように扱っていませんか？ ……………… 鯨井智也　10

2 タンパク質の電気泳動，正しく理解していますか？ ………………… 小山昌子　15

第2章　発現コンストラクト，思い通りにつくれていますか？

1 タンパク質をコードするDNA配列探しで迷子になっていませんか？
　　　　　　　　　　　　　　　　　　　　　　　　　　　　　　　 有村泰宏　24

2 遺伝子の合成はcDNAから，に固執していませんか？ ……………… 立和名博昭　29

3 そのDNA塩基配列はホンモノですか？ ……………………………… 有村泰宏　34

4 あなたの変異設計，立体構造に基づいていますか？　野澤佳世，田口裕之　38

5 目的にあった発現ベクターを選べていますか？ ……………………… 有村泰宏　43

6 発現プラスミドの作製方法は1種類と思っていませんか？ ………… 立和名博昭　50

7 変異体のデザイン，発現系への変異導入，うまくできていますか？
　　　　　　　　　　　　　　　　　　　　　　　　　　　　　　 立和名博昭　56

第3章 タンパク質の発現が悪いな…と悩んでいませんか？

1 いつも同じ培地で培養していませんか？──────田口裕之, 佐藤祥子　62

2 培養液の滅菌処理, 適切ですか？──────田口裕之　67

3 コロニーが全く生えない…. そんな経験ありませんか？──────小林　航　71

4 大腸菌株のセレクションは適切ですか？──────小林　航　74

5 適切な培養液量で培養していますか？──────田口裕之　77

6 分解している⁉ 培養温度が高すぎませんか？──────田口裕之, 佐藤祥子　80

第4章 精製でタンパク質を失っていませんか？

1 溶液のpHは適正ですか？──────堀越直樹　86

2 目的にあった溶液を選んでいますか？──────堀越直樹　91

3 タンパク質が消えた！ 破砕は適切ですか？──────小山昌子　97

4 いつも同じ精製プロトコール頼みになっていませんか？──────飯倉ゆかり　102

5 タンパク質のタグ, 大差ないと思っていませんか？──────鯨井智也　111

6 不溶性画分のタンパク質, あきらめていませんか？──────小山昌子　117

7 そのカラム, ダメになっていませんか？──────鯨井智也　122

8 タンパク質の吸光度は一定だと思っていませんか？──────堀越直樹　127

9 その定量法, あなたのタンパク質に適していますか？──────飯倉ゆかり　130

10 タンパク質やバッファーの性質によって定量法を使い分けていますか？──────飯倉ゆかり　134

11 核酸−タンパク質複合体の精製法を知っていますか？──────堀越直樹　139

第5章 その精製タンパク質，目的どおりのものですか？

1 タンパク質の会合状態は正常ですか？ ·················· 町田晋一　146

2 タンパク質の折りたたみは適切ですか？ ················ 加藤大貴　150

3 精製したタンパク質は本当に目的のものですか？ ········· 町田晋一　156

4 精製したタンパク質が分解していませんか？ ············· 加藤大貴　161

5 精製したタンパク質の翻訳後修飾が生体内と違っていませんか？
　　　　　　　　　　　　　　　　　　　　　　　　　　　　藤田理紗　166

第6章 大切なタンパク質，保存は万全ですか？

1 とりあえずフリーザー，になっていないですか？ ········· 町田晋一　174

2 冷蔵庫のタンパク質，腐らせていませんか？ ············· 藤田理紗　177

索引 ··· 181

常識度・危険度別の目次

本書ではラボで起こりやすいトラブルを Case として紹介し，関連する知識を解説しています．また各 Case では「常識度」・「危険度」を5段階評価しています．あくまで目安として習熟度の確認にお役立て下さい．

常識度 知識習得の優先順位を表した指標

	第1章	第2章	第3章	第4章	第5章	第6章
★★★★★ 常識度高い	1,2	1,3	2	1,2,8	4	
★★★★☆		4,5,7	4,6	3,5	2,5	2
★★★☆☆		2,6	1,3,5	4,9,10,11	1,3	
★★☆☆☆				6,7		1
★☆☆☆☆ 常識度低い						

危険度 リカバーにかかる時間や手間の指標

	第1章	第2章	第3章	第4章	第5章	第6章
★★★★★ 危険度高い	1	3,5	2	7	1,2,3	
★★★★☆			3	1,2,3,5	4	
★★★☆☆			6	6	5	2
★★☆☆☆	2	2,4,7	1,4	8,11		
★☆☆☆☆ 危険度低い		1,6	5	4,9,10		1

第1章

タンパク質のこと，ちゃんと知っていますか？

1 タンパク質とDNAを同じように扱っていませんか？ ……… 10
2 タンパク質の電気泳動，正しく理解していますか？ ……… 15

第1章　タンパク質のこと，ちゃんと知っていますか？

1　タンパク質とDNAを同じように扱っていませんか？

Case　　常識度 ★★★★★　　危険度 ★★★★★

研究室に配属され3カ月たったAさんは，精製タンパク質を使って実験を行うことになりました．クローニングに無事成功し，大腸菌を使って目的タンパク質を発現させ，精製することになりました．大腸菌の破砕液から目的タンパク質を精製した後，チューブに入れて実験台の上にそのまま置いておいたところ，先輩から注意されてしまいました．Aさんは，DNAの精製に成功した経験があり，同様に扱ったつもりですが，何がいけなかったのでしょうか．

キーワード▶タンパク質の取り扱い，タンパク質の構造

DNAの取り扱い方法が，タンパク質でも通用するとは限りません

　一般的に，タンパク質はDNAと比較して非常に不安定です．至適な溶液条件，温度条件で扱わなければ，たちまち立体構造が崩壊して変性したり，分解されてしまいます．そのため，タンパク質の取り扱いの条件は非常に重要です．DNAを扱う際には通常，Tris-EDTA緩衝液（TEバッファー）に溶解し，常温または凍結して保存を行いますが，タンパク質においてこの方法が通用するとは限りません．タンパク質の溶媒には，TrisやHEPESなどの緩衝剤に加えて，0〜500 mMの濃度のNaClなどの塩，安定化のためのグリセロール，プロテアーゼ阻害剤などが用いられることが多いです．また，保存は常温ではなく4℃にて行い，長期保存する際には凍結して保存する場合や，高濃度のグリセロール溶液のような不凍液中で−20℃や−80℃にて保存する場合もあります．このようなタンパク質の不安定性は，タンパク質の立体

構造の成り立ちに起因しています．

タンパク質の立体構造

　タンパク質の構造は，DNAのようにシンプルな構造ではなく，非常に複雑です（図1）．複雑な構造をとることで，酵素活性をはじめとするタンパク質のさまざまな機能が発揮されています．タンパク質が適切な立体構造を形成するためには，共有結合であるペプチド結合やジスルフィド結合，および非共有結合である静電的相互作用，ファンデルワールス結合（疎水性相互作用），水素結合などが関与していることが知られています．まずペプチド結合により一次構造であるポリペプチドが形成され，次に水素結合によりαヘリックスや，βシートなどの二次構造が形成されます．さらに，これら二次構造がジスルフィド結合や，さまざまな非共有結合によって多様に組合わさり，三次構造（立体構造）を形成したドメインが成立します．これら三次構造をも

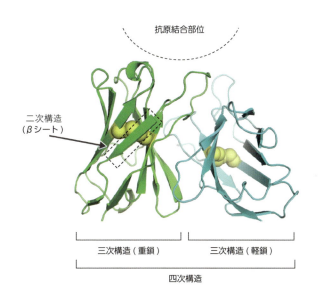

図1　抗体の可変領域の立体構造（PDB ID：5B3N）

抗体の可変領域では，二次構造であるβシートが組合わさり，三次構造である重鎖と軽鎖のIg fold（immunoglobulin fold）が形成されている．Ig fold内には，ジスルフィド結合（黄色）が形成されており，安定化に寄与している．Ig foldが2つ組合わさり，四次構造が形成されている．PDB：protein data bank[1]．

つドメイン同士が結合して形成される高次構造が四次構造となります．二次構造以上の高次構造の形成には，非共有結合が重要となってきます．非共有結合は共有結合よりも結合力が弱いため，これらの結合が維持されるには，以下のような点に気をつけてタンパク質を適切な条件下で取り扱う必要があります．

タンパク質の取り扱いの注意点

1 基本的に4℃または氷上にて扱う

タンパク質の一番の難敵は，タンパク質分解酵素（プロテアーゼ）です．タンパク質を発現させる際に用いた宿主（大腸菌，酵母，培養細胞など）にも多くのプロテアーゼが含まれています．プロテアーゼによるタンパク質分解は，低温で減弱します．そのため，タンパク質の取り扱いは，基本的に低い温度かつ凍結しない温度，つまり4℃や氷上にて扱います．CaseのAさんは，精製したタンパク質を実験台の上ではなく冷蔵庫内や氷上に置くべきでした．

2 チューブの端をもつ

タンパク質溶液が入っているチューブをもつ際には，チューブの端をもつようにします（図2）．作業者の体温によってタンパク質溶液を温めてしまわないようにするため，およびプロテアーゼの混入や活性化を防ぐためです．

コラム

抗体は安定って本当？

抗体は，細胞生物学の分野では頻繁に用いられる重要なツールです．しかし，抗体自体の特性について考える機会は少ないのではないでしょうか．抗体は，タンパク質のなかでは比較的安定性の高いタンパク質と言えます（とはいえ，もちろんDNAほど安定ではありません）．抗体分子には，分子内に共有結合であるジスルフィド結合が形成されており，この結合が抗体の安定性を向上させているためです（図1）．そのため，安定であるとはいっても，抗体溶液に還元剤を加えると，構造が壊れ抗原を認識できなくなることがあるので注意が必要です．保存については，メーカーのデータシートに方法が記されているので，必ず確認するようにしましょう．

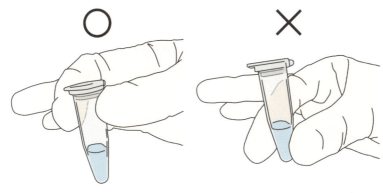

図2 チューブの持ち方

3 バッファーとの相性を確認する

　タンパク質は，バッファーとの相性がよくない場合，沈殿してしまうことがあります．新規のタンパク質を精製する際には，さまざまなバッファーを検討する必要があります．その際には必ず小さいスケールでの条件検討を行うようにしましょう．バッファーとタンパク質のミスマッチによって，貴重なタンパク質をすべて失ってしまうリスクを回避することができます．バッファーの選び方については，第4章-2を参照ください．

4 凍結可能かどうかについて確認する

　タンパク質は，凍結融解の際に変性してしまい，元の構造に戻らないことがあります．そのため，精製したタンパク質を凍結して保存する際には，必ず事前に少量のタンパク質を実際に凍結し，凍結の前後での構造変化や，活性の変化が起きていないことを確認します．構造変化の簡便なチェックについては円二色性分光光度計（第5章-2）が有効です．活性のチェックについては，それぞれのタンパク質がもつ酵素活性にて確認します．もし，変性してしまうことがわかったときには，グリセロールなどの不凍液に溶媒を置換したうえで−20℃での保存を検討しましょう．なお構造変化の検出法については，第5章を，凍結保存については第6章を参照ください．

5 濃度測定に注意が必要（吸光度はタンパク質のアミノ酸組成によって異なる）

吸光光度計を用いて，タンパク質の濃度測定を行う場合，280 nmの波長の光の吸光度を用います．これは，トリプトファン・チロシン・フェニルアラニンなどの芳香族アミノ酸が，280 nmに吸収ピークを有するためです．タンパク質ごとに，これらの芳香族アミノ酸配列の組成が異なるため，吸光度も大きく異なります．詳細は，第4章-8を参照ください．

6 タンパク質の寿命はタンパク質の性質および精製純度によって決まる

タンパク質の寿命は，精製の純度と，立体構造の安定性によって決まっています．精製純度が低い状態では，溶液中に含まれるプロテアーゼなどによって分解を受ける可能性があります．また，構造的に不安定なタンパク質は，精製純度が高い場合においても時間が経つことで変性してしまうことがあります．長期間保存する場合には，凍結保存を検討しましょう．

(鯨井智也)

タンパク質の声

タンパク質 優しくしないと いじけます

タンパク質は，最適な条件にて扱わなければたちまち立体構造が崩壊したり，分解してしまうので注意が必要です．

参考ウェブサイト
1）PDB. https://www.rcsb.org

第1章 タンパク質のこと，ちゃんと知っていますか？

2 タンパク質の電気泳動，正しく理解していますか？

Case

常識度 ★★★★★　　危険度 ★★☆☆☆

タンパク質精製をすることになったBさん．とはいえ，タンパク質精製はこれがはじめての経験なので，先輩が精製する様子を横で見学しています．午前中で目的タンパク質の粗精製を終了し，「午後はこのサンプルを電気泳動でチェックしよう」と言い残して，先輩は昼ご飯へと出かけて行きました．「電気泳動か…」．DNAの電気泳動ならこれまでに散々経験のあるBさん．「DNAだってタンパク質だって，分子量で分離するという原理に変わりないよね．ということは，DNAの電気泳動と同じ方法でできるはずだ！」．Bさんは，先輩によいところを見せようと，早速ゲル作りにとり掛かります．「アガロースゲルをつくって1×TAEバッファーに浸して…」．サンプルにはDNAのときと同じdyeを入れて，これで準備は完了．Bさんが張り切ってサンプルをアプライしようとしているところに，先輩が昼休みから戻ってきました．「おいおい，一体何をやっているんだい?!」

キーワード ▶ 電気泳動，SDS-PAGE

アガロースゲルとポリアクリルアミドゲル

　DNAやRNAを電気泳動するときのマトリックスとしては，多くの場合アガロースゲルが使用されます．しかし，アガロースゲルはタンパク質を分離するためのマトリックスとしてはポアサイズが大きすぎるため，タンパク質の電気泳動においては，アガロースゲルよりもポアサイズの小さい，ポリア

クリルアミドゲルが使用されます．

ポリアクリルアミドゲルは，アクリルアミドとN,N'-メチレンビスアクリルアミド（BIS）を共重合させることによって作製されます（図1）．ゲルのポアサイズは，「アクリルアミド濃度」と"アクリルアミド：BIS"の比率」で決まります．重合開始剤である過硫酸アンモニウム（APS）とN,N,N',N'-テトラメチルエチレンジアミン（TEMED）の添加により，重合を開始させます．急いでゲルを固めたいからといってTEMEDをたくさん入れると，ゲルのポアサイズが変化して実験結果の再現性が悪くなるので，決められた濃度で添加するようにしましょう．また，ポリアクリルアミドゲルは，時間の経過とともに網目構造が劣化するため，電気泳動時のバンドが乱れてしまいます．ゲルは，用事調製して新鮮なものを使うようにしましょう．最近では，バイオ・ラッド ラボラトリーズ社からTGXゲルとよばれる，安定性が高く保存期間の長い，電気泳動用のポリアクリルアミドゲルが市販されています．ゲルの化学成分は自作のポリアクリルアミドゲルとは異なりますが，再現性よく簡便に電気泳動を行えるので便利です．

現在広く使用されているLaemmli（レムリー）法による電気泳動では，サンプルを分子量によって分離する「分離ゲル」のうえに，バンドの分離を向

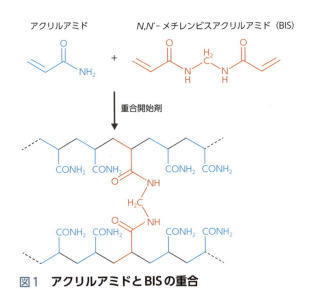

図1　アクリルアミドとBISの重合

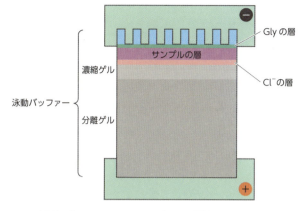

図2 濃縮ゲルにおけるサンプルの濃縮

上させるための「濃縮ゲル」が積層された，二層のゲルが使用されます．サンプルは濃縮ゲルの中で，塩化物イオン（ゲルおよび泳動バッファーに含まれる）の層とグリシン（泳動バッファーに含まれる）の層によって濃縮されます（図2）．

非変性ポリアクリルアミドゲル電気泳動（native PAGE）

DNAは，水溶液中で主鎖のリン酸基が負に荷電しているため，電場のなかに置かれると質量あたりほぼ一定の力で陽極へと引かれます．DNAをゲルの中で電気泳動すると，ゲルのふるい効果によってDNA分子が分子量に依存した移動度を示します．

しかし，タンパク質の電気泳動はDNAの場合のように単純ではありません．そこでタンパク質精製で最も一般的に用いられるSDS-PAGEを解説する前に，まず，タンパク質をそのままの状態（native）で電気泳動する非変性ポリアクリルアミドゲル電気泳動（native PAGE）について解説します．タンパク質の電荷は，そのアミノ酸組成によってさまざまに異なります．したがって，タンパク質の電気泳動では，目的のタンパク質が十分に荷電するよう，バッファーのpHを調整する必要があります．また，安定な二重らせん構造をとるDNAとは異なり，タンパク質は個々に特有の高次構造をもって

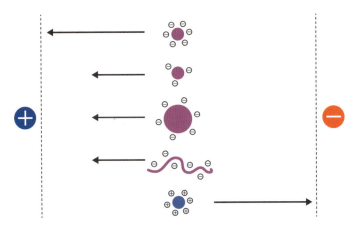

図3　タンパク質の非変性ポリアクリルアミドゲル電気泳動（native PAGE）
タンパク質のnative PAGEでは，タンパク質が固有にもつ分子量や立体構造，電荷のすべての影響を受ける．

います．そのため，仮に分子量が同じで電荷も等しいタンパク質であっても，立体構造が異なれば泳動度が異なってくることに注意が必要です（図3）．さらに，目的タンパク質が他のタンパク質などと相互作用している場合，native PAGEでは複合体のバンドが得られることになります．このように，タンパク質のnative PAGEでは，個々の分子の「分子量」，「電荷」，「高次構造」のすべての特徴を反映した結果が得られることになります．

SDS-PAGE

SDS-PAGEはnative PAGEとは異なり，タンパク質を分子量だけに依存して分離することができます．そのためには，個々のタンパク質がもつ「電荷」と「高次構造」という，2つの特徴を排除する必要があります．まず，タンパク質の高次構造形成に重要なジスルフィド結合（S-S結合）を切断するために，高濃度の還元剤〔2-メルカプトエタノールやジチオトレイトール（DTT）〕を添加します．さらに，界面活性剤であるドデシル硫酸ナトリウム（SDS）をタンパク質に結合させます．SDSは，分子内部の疎水性部分でタンパク質の疎水性領域に結合し，タンパク質の高次構造を壊して変性させると

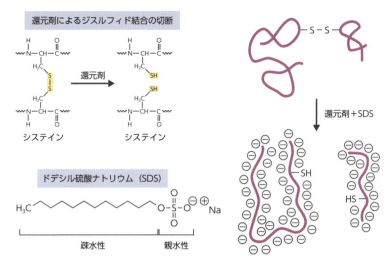

図4 SDS-PAGEを行う際にタンパク質にほどこす処理

ともに、タンパク質全体を負に帯電させます（図4）．SDSと還元剤を添加して熱処理することにより、タンパク質は負に帯電した、高次構造をもたないポリペプチド鎖となります．このような処理によってはじめて、タンパク質は分子量にのみ依存した泳動度でゲルの中を移動するようになります．

　ただし、SDSはタンパク質の疎水性領域に選択的に結合するため、ヒストンなどの塩基性の強いタンパク質の場合、SDSがタンパク質の塩基性を完全に打ち消すことができず、アミノ基の正電荷の影響により泳動度が小さくなることがあります．このように目的タンパク質のアミノ酸組成によっては、電気泳動で得られたバンドが、分子量の理論値と異なる分子量マーカーの位置にくる場合があるので、注意してください．さらには、タンパク質がリン酸化などの翻訳後修飾を受けると、修飾基の電荷の影響により、バンドの位置が変わる例も知られています．

短いペプチド断片のSDS-PAGE

　分子量の小さなペプチド断片は、濃縮ゲルの中でグリシンによってうまく濃縮されず、ブロードなバンドとなってしまうことがあります．これは、濃

縮ゲルにおけるペプチドの移動速度が遅く，グリシンの層がペプチドの層を追い越してしまうためです．そこで，ペプチド断片を電気泳動する際には，グリシンの代わりにトリシンの入った泳動バッファーを使用します．トリシンはグリシンよりも移動速度が遅く，濃縮ゲルの中でペプチド断片を濃縮することができるため，短いペプチド断片であっても分離能の高いシャープなバンドが得られます．

Blue native PAGE

　通常のnative PAGEでは，タンパク質が自身の電荷に依存して電場の中を移動するため，多くの場合，タンパク質の等電点に近い中性付近の条件では，移動速度が非常に遅くなります．そこでタンパク質にCBB（Coomassie brilliant blue）色素を結合させ，色素の負電荷でタンパク質を電気泳動する方法が，blue native PAGEです．CBB色素はタンパク質表面に結合しますが，SDSのようにタンパク質の高次構造を壊すことがないため，blue native PAGEでは，タンパク質をネイティブな状態のまま，また複合体構造を維持したままの状態で，分離することができます．SDS–PAGEと組合わせた2次元電気泳動がよく行われ，タンパク質複合体や膜タンパク質複合体の構成因子を解析する上で有用な手段となっています．

バンドの検出法

　タンパク質は通常無色透明ですから，電気泳動後のタンパク質を確認するためには，染色試薬による可視化が必要です．タンパク質の非特異的染色法として一般的に最もよく用いられるのは，CBBによる染色です．CBB染色よりも感度の高い染色方法として，銀染色も用いられています．また，SYPRO RUBYやOrioleなどのタンパク質に結合する蛍光色素を用いた染色も，感度の高い染色法として用いられますが，これらを検出するためには，UVやレーザーによる蛍光色素の励起と，蛍光を検出するための装置が必要となります．

ウエスタンブロッティング

　ウエスタンブロッティングは，抗原抗体反応により，電気泳動で分離したサンプルから目的タンパク質だけを特異的に検出する方法です．目的タンパク質の検出だけでなく，メチル化修飾やリン酸化修飾など，タンパク質の状態を検出することも可能です．

　抗原抗体反応を行うために，まず，電気泳動後のゲルに存在するタンパク質をメンブレンに電気的に転写します．メンブレンには，タンパク質が結合しやすい疎水性のニトロセルロースや，さらに疎水性の高いPVDFが使用されます．タンパク質をゲルからメンブレンに転写する方法として，従来はウェット式が一般的でしたが，現在は，操作が簡便で経済的なことから，セミドライ式が主流となっています．続いて，転写したメンブレンに任意の抗体を反応させます．抗体としては通常，目的タンパク質に特異的に結合する一次抗体と，検出のための標識二次抗体の，二種類の抗体を用います．検出には，酵素活性による発色や化学発光，蛍光色素を用いる方法などがあります．

（小山昌子）

タンパク質の声

見てほしい　わたしのきれいな　晴れ姿

電気泳動は，タンパク質が目に見える貴重なチャンスです．正しい知識をもって目的にあったきれいな電気泳動を行いましょう．きれいな泳動結果は，明快な議論に不可欠です．

参考文献

1)「そこが知りたい！電気泳動なるほどQ&A改訂版」（大藤道衛/編，バイオ・ラッド・ラボラトリーズ株式会社/協力），羊土社，2011

第2章

発現コンストラクト，思い通りにつくれていますか？

1 タンパク質をコードするDNA配列探しで迷子になっていませんか？ …… 24
2 遺伝子の合成はcDNAから，に固執していませんか？ …………………… 29
3 そのDNA塩基配列はホンモノですか？ ……………………………………… 34
4 あなたの変異設計，立体構造に基づいていますか？ ……………………… 38
5 目的にあった発現ベクターを選べていますか？ …………………………… 43
6 発現プラスミドの作製方法は1種類と思っていませんか？ ……………… 50
7 変異体のデザイン，発現系への変異導入，うまくできていますか？ …… 56

第2章　発現コンストラクト，思い通りにつくれていますか？

1 タンパク質をコードするDNA配列探しで迷子になっていませんか？

Case

常識度 ★★★★★　　危険度 ★☆☆☆☆

Cさんは，あるタンパク質を精製して機能解析を行おうと考えました．早速，そのタンパク質を解析した論文を調べてみたのですが，タンパク質のアミノ酸配列も，タンパク質をコードするDNA塩基配列もなかなか見つけることができません．やっと論文の中から見つけた配列もどうやら目的の生物種のものではないようです．どうすれば，特定の生物種の目的タンパク質の情報を手に入れることができるのでしょうか．

キーワード▶NCBI, UniProt, BLAST

アミノ酸配列，DNA塩基配列はデータベースで入手しましょう

　ゲノム解読が完了した生物種については，タンパク質のアミノ酸配列やDNA塩基配列をNCBI[1]やUniProt[2]などのデータベースを利用して入手することが可能です．どちらのデータベースにおいても目的のタンパク質名をトップページの検索バーに入力して検索すれば，簡単に目的のタンパク質の配列を入手することができます．検索結果を表示したページでは，さまざまなデータベースやツールにリンクが貼られており，このタンパク質をコードするDNAの塩基配列情報や関連論文などの情報を入手することができます（図1）．これらのデータベースでは，遺伝子やmRNAなどの，さまざまな塩基配列情報を入手することができますが，タンパク質の発現・精製に必要な情報はタンパク質コード配列（coding sequences：CDS）とよばれる，mRNAの配列中の開始コドン（ATG）と終止コドン（TAA, TGA, or TAG）に挟まれた領域です（図2）．発現系に余分な配列を組み込んでしまわないように，自分

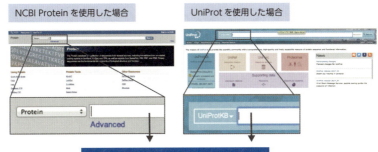

図1 データベースを用いたタンパク質情報の検索

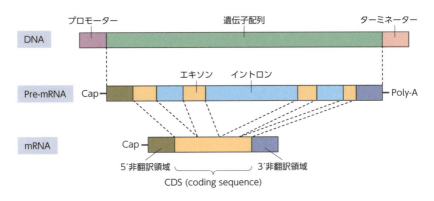

図2 タンパク質コード配列（CDS）

の入手した配列をよく確認しておく必要があります．また，各情報には，どの生物種の情報であるか学名で記入されています．タンパク質名が同じでも生物種が違えばアミノ酸配列が異なるので，注意が必要です．

　こうしたデータベースを利用する場合，手軽に配列が入手できる一方で，不正確な情報に惑わされないように気をつける必要があります．NCBIにおいて［PREDICTED］，UniProtにおいて［Unreviewed］という表記がされているタンパク質情報は，実験レベルでの検証がなされておらず，後になって開始コドンや終止コドンの位置が異なることなどが判明する場合もあります．

BLASTを用いて配列からタンパク質情報を検索

　データベースに登録されたタンパク質情報は，タンパク質の名称のみならず，BLAST[3]を利用して，アミノ酸やDNA塩基配列を用いて検索することが可能です．配列の一部分や，配列の一致率が低くても検索可能ですので，生物種ごとに名称が異なるタンパク質の配列情報を得たい場合や，アイソフォームの配列情報を得たい場合に便利です．BLASTの検索結果画面のリンクから，NCBI proteinに直接アクセスすることができるので，以降は前述の方法と同様にしてCDSを入手することができます．

ドメインのことを考慮していますか？

　目的のタンパク質の分子量が大きい場合や，X線や核磁気共鳴（nuclear magnetic resonance：NMR）にて構造解析をめざす場合には，タンパク質の全長配列ではなく，機能ドメインのみを発現・精製する場合があります．

コラム

シークエンスビューアーいろいろ

プラスミドを設計するためには，制限酵素サイトの検索，DNA配列のタンパク質への翻訳，PCRに用いるプライマーDNAの作製，配列のアラインメントなど，さまざまな操作が必要になります．これらの操作に必要なツールがまとまった，シークエンスビューアーが，さまざまなウェブサイトから無料でダウンロード可能です．一度シークエンスビューアーをPCにインストールしておけば，インターネットに接続することなくプラスミドを設計することができます．よく使用されているシークエンスビューアーの一覧を表に示します．

ソフト名		コメント	ダウンロード
GENETYX	有料	日本国内で広く使われているソフトウェア	参考ウェブサイト8
Serial Cloner	無料	多機能．プラスミドのマップの自動作成機能が有用	参考ウェブサイト9
ApE	無料	多機能かつ動作が軽い	参考ウェブサイト10
SnapGene	有料（無料の簡易版もあり）	多機能かつ見やすい，無料版も十分有用	参考ウェブサイト11
CLC Sequence Viewer	無料	多機能かつ見やすい	参考ウェブサイト12

この場合，ヘリックスの途中やドメインの途中で区切ってしまうと，タンパク質の可溶性の低下，発現量の低下，精製中の分解などがしばしば起こります．機能ドメインのみを発現・精製する場合には，2次構造予測ツール（PSIPRED[4]）や，モチーフデータベース（Pfam[5]），タンパク質構造データバンク（Protein Data Bank：PDB[6]）を利用して，アミノ酸配列からドメインを調べることができます．ここで注意しなければならないのは，PSIPREDやPfamは，あくまでアミノ酸配列から推定した2次構造やモチーフを表示するツールであり，実際の2次構造やドメインとは異なる可能性があることです．PDBを用いることで，実際のドメインの構造を確認するとともに，発現・精製された実績のあるタンパク質の設計を知ることができます．一般的に，タンパク質の立体構造解析には高純度かつ大量のタンパク質が必要となりますので，PDBに登録されているタンパク質の設計には，安定性が高く，大量にタンパク質を発現できるものが多いです．

X線結晶構造解析をめざす場合には，XtalPred–RF[7]を用いると，立体構造既知の類似タンパク質や，天然変性領域の含有量に基づいた結晶化難易度（crystallizability）を算出することができるため，とても有用です．

（有村泰宏）

タンパク質の声

配列は データベースで 探しだせ

アミノ酸配列や，DNA塩基配列はデータベースを駆使して入手しましょう．

参考ウェブサイト

1）NCBI. https://www.ncbi.nlm.nih.gov/protein
2）UniProt. http://www.uniprot.org
3）BLAST. https://blast.ncbi.nlm.nih.gov/Blast.cgi
4）PSIPRED. http://bioinf.cs.ucl.ac.uk/psipred/
5）Pfam. http://pfam.xfam.org
6）PDB. http://www.rcsb.org/pdb/home/home.do
7）XtalPred-RF. http://ffas.burnham.org/XtalPred-cgi/xtal.pl
8）GENETYX. https://www.genetyx.co.jp

9) Serial Cloner. http://serialbasics.free.fr/Serial_Cloner-Download.html

10) ApE. http://jorgensen.biology.utah.edu/wayned/ape/

11) SnapGene. http://www.snapgene.com/products/snapgene_viewer/

12) CLC Sequence Viewer. https://www.qiagenbioinformatics.com/products/clc-sequence-viewer/

第2章　発現コンストラクト，思い通りにつくれていますか？

2 遺伝子の合成は cDNA から，に固執していませんか？

Case

常識度 ★★★☆☆　　危険度 ★★☆☆☆

タンパク質の遺伝子配列が分かったDさんは，その配列をプラスミドに組込むために，PCR（Polymerase Chain Reaction）により目的とする配列を増幅するようにアドバイスをもらいました．PCRについて勉強したところ，鋳型となる増幅したいDNAをポリメラーゼにより増やす方法ということを理解したDさん．早速，ゲノムDNAを鋳型にしてPCRにより増幅をしてみましたが，うまく行きませんでした．PCRの条件やプライマーの設計を変更しても，ダメでした．先輩に相談したところ，ゲノムDNAを鋳型にしたことが間違いだと言われ，そのうえ，最近は必ずしもPCRで増幅しなくてもよいと言います．一体どのようにして十分な量の遺伝子配列を手に入れるのでしょうか？

キーワード ▶ PCR，全合成，プライマー

目的遺伝子の cDNA を入手する方法

　目的DNA断片を増幅する際に最もよく使われる技術はPCRです．PCRは，化学合成したオリゴDNA（PCRに使用する場合は，プライマーとよぶ）を用いて鋳型となるDNAをチューブ内で増幅させる方法です．つまり，目的となるDNAが少量でもあれば，増やすことができる画期的な方法です．それでは，解析したいタンパク質の遺伝子の配列（PCRで鋳型となる配列）は，どこにあるのでしょうか．ゲノムDNAでしょうか？残念ながら，多くの真核生物においてタンパク質精製を目的とした配列の鋳型にゲノムDNAは適

29

していません．これは，ゲノムDNA中の遺伝子はイントロンとエキソンからなっており，大腸菌などでタンパク質を発現させる場合に不要なイントロンを含んでいるからです（ただし，酵母はイントロンをもつ遺伝子が少ないので，ゲノムDNAを鋳型にして目的配列をそのまま増幅させることができる可能性が高いです）．そこでイントロンを含んでいない配列として，mRNAを逆転写することでつくられるcDNAがクローニングに用いられます（図1）．cDNAは自身で作製することも可能ですし，cDNAライブラリーやcDNAプールとして既製品を購入することが可能です．これらのcDNAを鋳型とし，特異的なプライマーを用いてPCRすることで目的断片を増幅することができます．cDNAライブラリーやcDNAプールを購入した場合は，PCRからはじめればよいのでたいへんな作業ではありません．

しかし，この方法は確実に目的遺伝子を増幅できるわけではありません．なぜかと言うと用いたcDNAライブラリーやcDNAプールに目的とするcDNAが含まれている保証はないからです．cDNAライブラリーやcDNAプールは

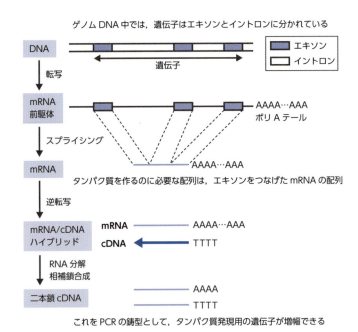

図1　**cDNAの作製方法**

mRNAから作製しているので，そのmRNAを調製した組織において目的とする遺伝子が発現していないと，その中に目的遺伝子のcDNAが含まれることはありません．つまり，どんなに頑張ってもPCRで増えないという状況は十分に考えられます．そこで先行研究の論文で目的遺伝子の発現プロファイルを知ることができれば，最も発現している組織がわかり，その組織から作製したcDNAライブラリーやcDNAプールを試すことで目的配列の増幅に成功する確率が少し上がります．そこまでしても，GC含有量が高くPCRによって増幅が上手くできないなどの理由で，やはり上手くいかないことも十分に考えられます．そこで，本稿ではcDNAライブラリーを用いずに目的遺伝子を増幅する方法を紹介します．

目的配列の全合成を外注する

　目的配列の全合成は，とてもシンプルかつ確実な方法です．一昔前に比べてDNA合成の価格が安くなっているので，現実的な方法となりました．"人工遺伝子合成"とインターネットで検索してみると，複数の会社のウェブサイトがヒットします．全合成の利点の1つに，合成時にコドンを簡単に変更できる点があります．1つのアミノ酸をコードしているコドンは複数ありますが，生物種によって同じアミノ酸でも使っているコドンの頻度は異なってきます〔Codon usage（コドンユーセージ）〕と言います．かずさDNA研究所のウェブサイト[1]で調べることが可能です．

　例えば，アルギニンをコードしているコドンは，AGA, AGG, CGU, CGC, CGA, CGGの6種類がありますが，ヒトの場合，AGAとAGGは合わせて40％程度の使用頻度ですが，大腸菌では8％しかありません．このようにヒトで使われているコドンが大腸菌にとっては使用頻度の低いコドンであることがあります．大腸菌にタンパク質をつくらせるときには，なるべく大腸菌で使用頻度の高いコドンにするとタンパク質の発現がうまくいくことがあります．また，目的遺伝子の配列によっては，一本鎖のmRNAが局所的にアニーリングしてしまい二本鎖RNAができ，翻訳がうまくいかないといったことも考えられます．これらのことを考慮して，なるべく大腸菌で発現するようにコドンを最適化するアルゴリズムの開発も行われており，コドンの最適化をした

うえで合成を依頼することもできます．

複数のプライマーを組合わせて増幅する

　前述した全合成を依頼するデメリットは，時間がかかることと，やはりコストが相対的に高いということです．そこで，より早く，より安く目的遺伝子を増幅する方法を紹介します．それは，2002年に発表された「DNAWorks：an automated method for designing oligonucleotides for PCR-based gene synthesis」という論文をもとにした方法です[2]．この方法の概略を説明します．まず目的遺伝子を複数のプライマーに分け，つぎはぎ状にデザインします．この時点では，単なるプライマーの混合物ですが（つまり切れ目のない二本鎖にはなっていない），これらのプライマーを用いて，2回PCRをすることで目的遺伝子を増幅します（図2）．前述の論文の著者たちが作成したプライマーをデザインするプログラムがウェブサイト[3]で公開されている

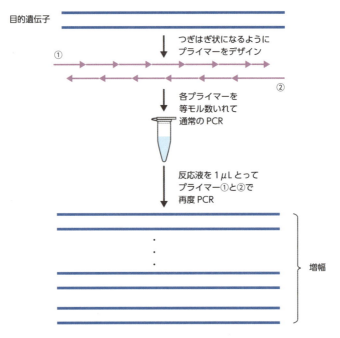

図2　複数のプライマーを用いた遺伝子の増幅方法

ので，登録することなく無料で使用することができます．

　プライマーを発注し，PCRを2回するだけなので，全合成より期間の短縮ができます．しかし，どのくらいの長さのDNAの増幅まで可能かは明らかとなっておらず，少し不確かな点が気になるところです．筆者の経験では，最大2,200 bpのDNAを効率よく増幅させることに成功しています．

（立和名博昭）

タンパク質の声

目的の　配列増えれば　万事OK

cDNAからの増幅でうまくいかないと実験が全く進みませんよね．PCR前におまじないするのもよいけど他の方法も試してみてください．

参考文献・ウェブサイト

1）かずさDNA研究所「Codon Usage Database」．http://www.kazusa.or.jp/codon/
2）Hoover DM & Lubkowski J：Nucleic Acids Res, 30：e43, 2002
3）DNAWorks（v3.2.4）．https://hpcwebapps.cit.nih.gov/dnaworks/

第2章　発現コンストラクト，思い通りにつくれていますか？

3 そのDNA塩基配列はホンモノですか？

Case

常識度 ★★★★★　　危険度 ★★★★★

目的のタンパク質をコードするDNA塩基配列情報を手に入れたEさんは，発現用プラスミドにそのDNA塩基配列を挿入しました．さっそく大腸菌にプラスミドを導入しましたが，発現されたタンパク質の分子量は先行論文で報告されているものとは，似ても似つきませんでした．

困ったEさんがK先生に相談したところ，さまざまな要因が考えられるので，まずは設計したプラスミドDNAの塩基配列を見直すように指示されました．では，どんな点を見直せばよいのでしょうか？

キーワード ▶ CDS，フレームシフト，ストップコドン

発現プラスミドの設計にミスはありませんか？

　真核生物においては，1つの遺伝子から何種類ものタンパク質がつくられる場合があります．これは同一の遺伝子から選択的スプライシングや，転写開始点や翻訳開始位置が異なったアイソフォームを形成する機構が存在するためです．UniProtやNCBIにはこのようなアイソフォームの配列も登録されているため，手に入れた配列情報が，自分が精製したいアイソフォームのものであるのか，事前に確認しておく必要があります．

　また，データベースからmRNAの配列を入手した場合には，翻訳領域の他に，非翻訳領域（5′UTR，3′UTR，polyA）の配列情報も含まれています．タンパク質の発現・精製に必要な情報はタンパク質コード配列（coding sequence：CDS）とよばれる，mRNAの配列中の開始コドン（AUG）と終

止コドン（UAA, UGA or UAG）に挟まれた領域です．

　タンパク質の機能ドメインのみを精製する場合，全長配列には付加されていた開始コドンと終止コドンが除かれてしまうので，プラスミドを設計する際に目的ドメイン配列の前後に開始コドンと終止コドンを追加する必要があります．一方で，C末端側にアフィニティーTagなどを融合する場合には，終止コドンを取り除く必要があるので，注意が必要です（図1）．

　また，制限酵素を用いてプラスミドにDNA断片を挿入する場合，挿入位置の前後で翻訳の読み枠（フレーム）がズレないように，注意する必要があ

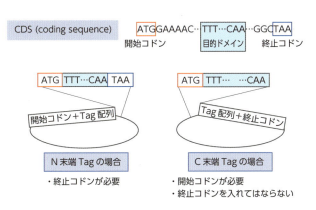

図1　開始コドンと終止コドンの取り扱いに注意しましょう

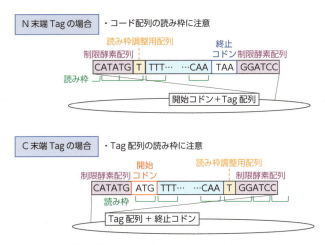

図2　読み枠がズレないように気をつけましょう

ります（図2）．制限酵素配列の位置と読み枠をしっかり把握してから，プラスミドを設計してください．

翻訳して確認していますか？

気をつけてプラスミドの設計を行っても，何らかの失敗をしてしまうことがあります．こうした人為的なミスを防ぐためにも，シークエンスビューアーなどのソフトウェアを用いて，構築した塩基配列を一度アミノ酸配列に変換してみることをオススメします．ソフトウェア上で塩基配列をアミノ酸配列に変換することで，読み枠のズレや終止コドンの欠失などの致命的なミスを未然に防ぐことができます．

シークエンスを確認していますか？

プラスミドの設計に問題がなかったとしても，プラスミドの製作過程で

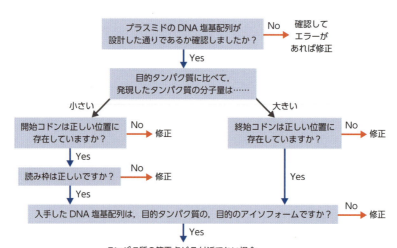

図3 目的タンパク質と，実際に発現したタンパク質の分子量が異なる場合の対応

DNA配列に何らかの予期しない変異が入ってしまうことがしばしばあります．したがって，プラスミドが完成した後には，必ずプラスミドのDNA配列を確認しておく必要があります．特に，PCRを使用した際には，複製中のエラーや，プライマーに使用したオリゴDNAの末端が欠失することにより，目的の配列とわずかに異なるプラスミドがつくられてしまうことがしばしばあります．わずか1塩基のDNAの欠失でも，そのまま使用すれば翻訳の際にフレームシフトを起こして目的タンパク質と全く異なる配列のタンパク質が発現してしまいます．配列の誤った発現系で時間を浪費することのないよう，塩基配列の確認を怠ってはいけません．

　ごく稀に，発現用の細胞にとって毒性の強いタンパク質を発現させる際には，発現用細胞にプラスミドを導入した後に，DNA配列に変異が導入されることがあります．設計したDNA配列と発現したタンパク質の分子量がどうしても一致しなければ，形質転換した発現用細胞からプラスミドDNAを回収してDNA塩基配列を再度確認するとよいかもしれません．CaseのEさんは以上に述べたようなさまざまな可能性を疑って，一つずつ調べる必要があります．

（有村泰宏）

タンパク質の声

一塩基 欠失したら 大惨事

わずか1塩基のDNAの欠失でも，そのまま使用すれば翻訳の際にフレームシフトを起こして目的タンパク質と全く異なる配列のタンパク質が発現してしまうので，必ずシークエンス解析を行う必要があります．

第2章 発現コンストラクト，思い通りにつくれていますか？

4 あなたの変異設計，立体構造に基づいていますか？

Case

常識度 ★★★★☆　危険度 ★★☆☆☆

Fさんはある酵素Aについて論文を投稿しました．晴れてリバイスになったものの，レフェリーからのコメントで「酵素Aの不活性型変異体を作製して解析するように」という指摘を受けました．しかし，酵素活性のない変異体と言われても，どんな変異体を設計すればよいのかわかりません．かといって，当てずっぽうにさまざまな変異体を試している時間の余裕もありません．困ったFさんがN先輩に助けを求めると「酵素Aの立体構造を観察すれば，候補を絞り込めるよ」と言って，立体構造のデータの入手から手取り足取り教えてくれました．

キーワード ▶ タンパク質の立体構造，PDB，構造予測

タンパク質の構造に基づいて実験していますか？

　タンパク質は，固有の折り畳み構造を形成することによって，生命活動に必要なさまざまな機能を担うことができます．αヘリックスやβシートをはじめとする二次構造が複雑に集合することで，アミノ酸の配列情報からは計り知れないタンパク質の三次構造がつくり上げられることもあります．タンパク質の立体構造を参照して重要なアミノ酸を推定すると，機能を改変する変異を狙い撃ちにすることができます．例えば，芳香族アミノ酸や疎水性アミノ酸のC末端側でポリペプチド鎖を切断するキモトリプシンという酵素は，触媒の活性中心に基質の求核攻撃を担う，セリン残基をもっていますが，構造からこの部位を特定して，変異を導入できれば，容易に不活性化させるこ

とができます．タンパク質の立体構造の調べ方を以下に述べます．

PDB（Protein Data Bank）を活用できていますか？

　これまでに決定された既知のタンパク質の立体構造はPDB（Protein Data Bank）[1]という公共のデータベースに登録されており，誰でも無料でダウンロードすることができます．PDBでは立体構造の座標情報（pdbファイル）や，それに付随する実験データの閲覧・ダウンロードが可能です．PDBでは，タンパク質の名称や，それぞれの立体構造に割り振られたPDB ID，タンパク質をコードする遺伝子名，掲載された論文・著者など，自由度の高いキーワードで構造を検索することができます．ここでダウンロードしたpdbファイルの表示や編集のためには，PyMOL2[2]やRasMol[3]，Chimera[4]，CueMol[5]といった専用のフリーソフトウェアが必要となりますが，いずれもMacやWindows，Linuxをはじめとして幅広いOSに対応しており，初心者でも簡単に取り扱うことができます．

　最もポピュラーなPyMOL2では分子モデルの質感の変更や，高解像度での画像・動画の作成も簡便なことから，論文の作図にもよく用いられています（図1）．PyMOL2では，立体構造の表示以外にも，構造の重ね合わせや，アミノ酸間の距離の測定，温度因子に基づくタンパク質のゆらぎの表示なども

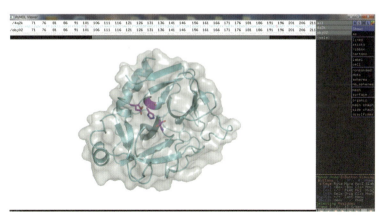

図1　αキモトリプシンの構造を使ったPyMOL2の使用例
（PDB ID：4q2k）

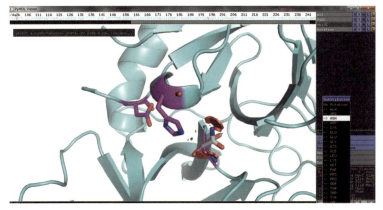

図2 Mutagenesis機能の使用例
PyMOL2のMutagenesis機能でαキモトリプシンのSer195をAsnに変異させると側鎖が衝突することがわかる．

表 PyMOL2のプラグインの例

プラグイン	機能
APBS	タンパク質表面の静電ポテンシャルの表示
CASTp	タンパク質表面や内部空間の表示
GROMACS Plugin	分子動力学計算ソフトウェアとの連携
EMovie	動画作成支援

マウス操作で行うことが可能です．また，Mutagenesis機能では実際にタンパク質に変異を導入したときに生じる立体障害もシミュレーションできるので，酵素活性に与える影響を見てとることができます（図2）．さらにコマンド入力によって一連の作業を自動化したり，プラグインを導入することで多彩な機能を利用することができます．表にプラグインの例を示します．PyMOL2の使用法は，PyMOL Wiki[6]やBioKids Wiki[7]にもわかりやすく解説されていますので，より詳細に学びたい方は，そちらもご参照ください．

立体構造が未解明だからといって構造に基づいて考えることをあきらめていませんか？

変異を設計したいタンパク質の立体構造が報告されていなくても，構造を推定できる場合があります．例えば，目的タンパク質が構造既知のタンパク質と共通するドメインを有している場合，もしくは，別の生物種の類縁タン

パク質（オーソログ）や同一生物種の類縁タンパク質（パラログ）の立体構造が報告されている場合は，それらの研究知見を参考にして機能的に重要なアミノ酸を絞り込める可能性があります．EMBL-EBIが管理するタンパク質の情報ウェブサイト UniProt[8] では，目的タンパク質が属するファミリーやドメイン構成の情報に加えて，目的タンパク質の構造の一部がすでに決定されていれば，その情報を確認することができます．また，NCBI の BLAST を用いれば，PDB に限定して相同アミノ酸配列の検索を行うことも可能なので，構造既知のオーソログやパラログのリストアップにも役立ちます．

　もし前述のデータベースから同一性が高い既知構造が見つけられれば，これを鋳型にして立体構造の予測モデル（ホモロジーモデル）を作成することも可能です．例えば Phyre2[9] や SWISS-MODEL[10] といったウェブツールは，アミノ酸配列を入力するだけで，鋳型になりうるモチーフやドメイン構造をデータベースから抽出・比較して，最適なホモロジーモデルを組み立ててくれる優れものです．それぞれのウェブサイトでは信頼性の高さに準じて，複数のモデルが pdb ファイルとして出力されますので，PyMOL2 などのビューワーで生化学データと照らし合わせながら，モデルを吟味してください．

　近年では，タンパク質のデータベースが充実し，構造と機能解析をリンクさせる便利なツールの多くが無料で利用できますので，研究に最大限に役立ててください．

（野澤佳世，田口裕之）

タンパク質の声

変異体　設計前に　姿見て

タンパク質の立体構造を観察することで，アミノ酸配列からは想像できない複雑な性質が見えてきます．また，X線結晶解析，電子顕微鏡解析，核磁気共鳴解析など，構造解析の方法によっても強みや弱みがあるので，それぞれの手法で得られた構造を比較することで，タンパク質の新規の機能がわかることもあります．

参考ウェブサイト

1) RCSB PDB. http://www.rcsb.org/pdb/home/home.do

2) PyMOL software. https://www.pymol.org/

3) RasMol. http://www.openrasmol.org

4) Chimera. https://www.cgl.ucsf.edu/chimera

5) CueMol. http://www.cuemol.org/ja

6) PyMOL wiki. https://pymolwiki.org/index.php/Main_Page

7) BioKids Wiki. http://biokids.org

8) UniProt. https://www.uniprot.org

9) Phyre2. http://www.sbg.bio.ic.ac.uk/~phyre2

10) SWISS-MODEL. https://swissmodel.expasy.org

第2章　発現コンストラクト，思い通りにつくれていますか？

5 目的にあった発現ベクターを選べていますか？

Case

常識度 ★★★★☆　　危険度 ★★★★★

Gさんは目的のタンパク質をコードする発現用プラスミドpET15-proteinXを作製しました．さっそくタンパク質を精製するために，研究室にあるタンパク質発現用の大腸菌を探し，大腸菌BL21株を見つけたので，この大腸菌にプラスミドを導入しました．目的タンパク質の発現を誘導するために，大腸菌がある程度増殖したところで，IPTGを添加することも忘れずに行いました．しかし，翌日にタンパク質発現を確認してみると，目的タンパク質の発現は一切みられませんでした．困ったGさんがK先生に相談したところ，そもそもGさんの使ったプラスミドと大腸菌の組合わせでは，目的タンパク質の発現は期待できないとのことでした．一体何に気をつければよかったのでしょうか．

キーワード ▶ プラスミド，大腸菌

プラスミドの中身，知っていますか？

　プラスミドは，細胞内に存在する環状DNAで，複製起点を有し，ゲノムDNAとは独立に複製され，細胞分裂によって次世代に継承されます．今日使用されている実験用のプラスミドは，自然界に存在するプラスミドに改良を重ねた末に作製されたものです．タンパク質発現用のベクターの多くは，以下に示すような特徴的なDNA配列を含んでいます（図1）．これらの配列にはいくつかの種類があり，実験を行う際には，これらの組合わせを考慮して実験条件を決める必要があります．

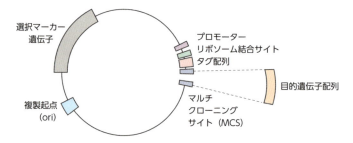

図1 プラスミドに含まれるDNA配列

1 複製起点（ori）

　プラスミドは，独自に複製起点を有するため，ゲノムDNAとは独立に複製されることができます．複製起点は，複製の開始に必要なDNA配列です．複製起点の種類はプラスミドのコピー数に大きく影響します．代表的なpUC由来のプラスミドの複製起点は，1細胞あたりおよそ500〜700コピーものプラスミド数まで複製が進行します．また不和合性という性質がしられており，同種の複製起点をもつ2種類以上のプラスミドは1細胞の中で共存することができません．不和合性が起こる原因については，娘細胞にプラスミドが無作為に分配されることや，複製に必要な因子を競合すること，などが考えられていますが，決定的な原因については明らかになっていません．1つの大腸菌の中で，2種類以上のタンパク質を発現させる際には，複製起点と選択マーカーのタイプが異なる2種類のプラスミドを用いるか，2種類以上のタンパク質を1つのプラスミドに組込めるタイプのベクターを使用します．

2 マルチクローニングサイト（MCS）

　タンパク質発現用のプラスミドには，目的遺伝子を挿入するためにあらかじめ用意された領域が存在します．この領域には，制限酵素サイトが連なって導入されており，制限酵素を用いて切断したDNA断片を挿入することができるように設計されています．目的のDNAを挿入するために使用するだけではなく，プラスミド作製の過程においては，プラスミドを制限酵素処理してDNA断片の大きさを解析することで，目的DNA断片が挿入されたクローンを選択することができます．

3 プロモーター，リボソーム結合領域

　一般的なタンパク質発現プラスミドのマルチクローニングサイトの上流には プロモーターが配置されています．プロモーターはプラスミドに組み込んだ遺伝子の転写開始に必要なDNA配列です．プロモーターの種類によってタンパク質の発現を誘導するための方法が異なります．例えば，pETシリーズに使用されているT7プロモーターは，T7ファージ由来のRNAポリメラーゼによって認識されるプロモーターですので，T7 RNAポリメラーゼ存在下で下流の配列の転写が誘導されます．T7 RNAポリメラーゼは通常の大腸菌には存在しませんので，ゲノムにT7 RNAポリメラーゼ遺伝子が組込まれた大腸菌株を使用する必要があります．pColdシリーズに使用されている*cspA*プロモーターは，低温条件下で発現誘導されるプロモーターであり，大腸菌の培養中に培養温度を低温にシフトさせることで，目的タンパク質の発現を誘導することができます．

　また，プロモーターの下流には，リボソーム結合サイト（シャイン・ダルガーノ配列：SD配列）が配置されています．

4 融合タグ

　タンパク質発現用のプラスミドの多くには，アフィニティー精製用のタグペプチド〔His$_6$-tag（6×His-tagなどとも表記），Strep-tag〕もしくはタグタンパク質（MBP-tag，GST-tag，LacZ-tag）が付加されている場合があります．それぞれのタグに特徴があり，目的に合わせて使い分けます．例えば，His$_6$-tag，Strep-tagのようなペプチドタグを用いた場合，目的タンパク質のフォールディングや活性に与える影響が少ないことが期待されます．MBP-tag，LacZ-tag，GST-tagなどのタンパク質性のタグは，これらのタンパク質が有する可溶性の高さによって，目的タンパク質の可溶化が期待されます．His$_6$-tagは，ヒスチジンが6つ並んだ配列に，ニッケルが結合する性質を利用したものであるため，変性条件下でも利用可能です．より詳細な使い分けは第4章-5で解説します．

5 プロテアーゼ認識サイト

　多くのタンパク質発現用プラスミドには，精製用タグを除去できるように，

タグと目的タンパク質の間にプロテアーゼの認識サイトが導入されています．目的タンパク質をタグとの融合タンパク質として精製した後に，プロテアーゼによってタグを切断することが可能です．Thrombin, FactorXa, PreScission, TEV などのプロテアーゼが頻繁に用いられています．

6 選択マーカー遺伝子

プラスミドが導入された細胞を選択するための遺伝子を指します．多くの場合，抗生物質に対する耐性遺伝子を使用します．よく用いられるのは，アンピシリン耐性遺伝子，カナマイシン耐性遺伝子，クロラムフェニコール耐性遺伝子などです．これらの遺伝子を有するプラスミドを取り込んだ細胞は，それぞれの耐性遺伝子に対応した抗生物質を含む培地の中でも増殖可能なので，プラスミドを細胞に導入した後に抗生物質を含む培地で培養することによって，プラスミドを取り込んだ細胞のみを選択することができます．このステップは選択培養とよばれ，その抗生物質を含んだ培地を選択培地とよびます．耐性遺伝子と抗生物質の組合わせを間違えないように，自分が用いようとしているプラスミドがどの薬剤に対する耐性遺伝子を有するのかを事前に知っておく必要があります．他には，選択マーカーとして，呈色反応を触媒する酵素の遺伝子や蛍光タンパク質遺伝子が用いられる場合もあります．

目的にあったプラスミドを選べていますか？

プラスミドは，多くの種類が利用可能です．目的に合わせて使い分けたり，使用しているプラスミドに合わせた発現誘導法，抗生物質，アフィニティー精製用のカラムの選択などの必要があります．表に代表的なタンパク質発現誘導用プラスミドの情報をまとめました．

プラスミドに合った大腸菌を選べていますか？

pETシリーズやpCALシリーズに使用されているT7プロモーターは，T7ファージ由来のRNAポリメラーゼによって認識されるプロモーターです．T7 RNAポリメラーゼ遺伝子は通常の大腸菌には存在しません．そのため，

表　タンパク質発現誘導用プラスミド

プラスミド	複製起点	精製用タグ	薬剤耐性	プロモーター	発現誘導	宿主大腸菌
pETシステム	ColE1	His-Tag，T7-tagなど多種に対応	アンピシリンもしくはカナマイシン	T7/lacO	IPTG添加	DE3溶原菌株
pGEXシステム	ColE1	グルタチオン-S-トランスフェラーゼ(GST)	アンピシリン	Ptac	IPTG添加	宿主大腸菌は不問
pColdシステム	ColE1	His-Tag	アンピシリン	cspA	培養液を15℃に冷却	宿主大腸菌は不問
pCALシステム	ColE1	カルモジュリン結合ペプチド(CBP)	アンピシリン	T7/lacO	IPTG添加	DE3溶原菌株
pUC18/19	改変型ColE1	—	アンピシリン	lac	IPTG添加	宿主大腸菌は不問

λDE3溶原菌などによってT7 RNAポリメラーゼ遺伝子を導入した大腸菌を用いなければ，発現を誘導することができません．λDE3溶原菌は，大腸菌の名前に「(DE3)」という表記がされているので他のものと区別することができます．λDE3には，*lacUV5*プロモーターの下流にT7 RNAポリメラーゼ遺伝子が組込まれています（図2）．*lacUV5*プロモーターは，変異によって転写活性が強化された*lac*プロモーターであり，プラスミドおよび，大腸菌ゲノムにコードされた*lac*リプレッサー（*LacI*）によって，通常は*lacUV5*プロモーター下流のT7 RNAポリメラーゼ遺伝子の発現が抑制されています．イソプロピル-β-チオガラクトピラノシド（IPTG）の導入でLacIリプレッサーによる*lacUV5*プロモーターの抑制が解除され，T7 RNAポリメラーゼが発現します．その結果，IPTGによって目的遺伝子の転写を活性化することができます．

一方で，同じくIPTGによって発現誘導が可能なpGEXシリーズは，*tac*プロモーターの下流に目的遺伝子が配置されています．*tac*プロモーターは*lac*プロモーターと大腸菌由来の*trp*プロモーターのハイブリッドであり，T7 RNAポリメラーゼを必要としないので，λDE3溶原菌を使用する必要はありません（図2）．

また，大腸菌の改良の過程で薬剤耐性を獲得している大腸菌もあり，例えばRosetta-gami B（DE3）は，カナマイシン，テトラサイクリン，クロラムフェニコールへの耐性を有しており，これらの抗生物質を選択マーカーとす

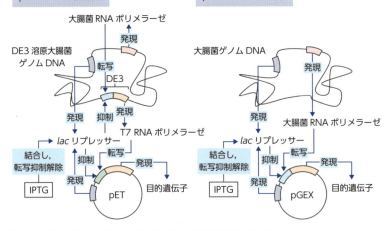

図2　pETシリーズとpGEXシリーズの発現システム

るプラスミドを用いることはできません．

　なお，現在利用可能な大腸菌株の多くは，B株もしくはK-12株由来であり，B株由来の株は，タンパク質分解酵素である*Lon*および，*OmpT*を欠損しているため，目的タンパク質が分解されにくくなる傾向があります．

　このように，目的に応じて，大腸菌株を選ぶ必要があります．CaseのGさんにも言えるのですが，実験をはじめる前に，プラスミドと大腸菌の特徴を調べて，プラスミドと大腸菌の適切な組合せを検討しておきましょう．

(有村泰宏)

タンパク質の声

目的に 合わせて選ぼう プラスミド

現在さまざまなプラスミドが構築されていて買うことができます．それぞれタグの種類や，タンパク質発現のメカニズムが異なるので，特性を理解して目的に合ったプラスミドをえらびましょう．

参考文献・ウェブサイト

1）「pET System Manual」第10版，Novagen社．http://lifeserv.bgu.ac.il/wp/zarivach/wp-content/uploads/2017/11/Novagen-pET-system-manual-1.pdf

2）橋本義輝：pUC プラスミドにまつわるエトセトラ．生物工学会誌, 89, 609–613, 2011

第2章 発現コンストラクト,思い通りにつくれていますか？

6 発現プラスミドの作製方法は1種類と思っていませんか？

Case

常識度 ★★★☆☆　　危険度 ★☆☆☆☆

目的遺伝子の増幅に成功したCさんは，発現プラスミドの構築にとりかかりました．クローニングベクターに組み込んだ目的遺伝子を制限酵素で切り出し，発現プラスミドに再度組み込む計画ですが，クローニングベクターに組み込むだけで一苦労している状況です．一体いつになったら発現プラスミドが構築できるかわかりません．そこで先輩に相談してみると，クローニングベクターに組み込む方法は複数あり，クローニングベクターさえ用いずに発現プラスミドが作製できる方法があるとアドバイスされました．一体どんな方法があるのでしょうか？

キーワード ▶ プラスミド，ベクターの組み換え，制限酵素，相同組換え

よく使われる発現ベクターの調製手順

　目的遺伝子の増幅ができたら，次はベクターとよばれるプラスミドに組み込みます．PCR産物は，塩基置換が起こっているものや伸長がうまくいかなかったものを含む混ざりものです．それらをベクターに組み込み，シークエンスを確認することで，はじめて目的遺伝子のクローン化ができたことになります．ベクターには大きく分けて「クローニングベクター」と「発現ベクター」の2種類があります．一般的にクローニングベクターは大腸菌内でたくさん複製される性質があり，簡単に大量のベクターを調製できるので，作製しておくと便利です．しかし，クローニングベクターから発現ベクターへの組み換えが手間と言えば手間です．そこで，増幅した目的遺伝子を一足飛

びに発現ベクターにクローニングする手法を本稿ではご紹介します．また，制限酵素で切ることなく発現ベクターに組み込む方法もご紹介します．

制限酵素を用いた発現プラスミドの作製

1 クローニングベクターを用いる方法

クローニングベクターの作製方法もさまざまなものがあります．PCR産物の3′末端にAを付加する性質をもつPol I型DNA polymerase（Taqポリメラーゼなど）により増幅したDNA断片を，3′末端にTが付加されているTベクターに組み込むTAクローニング法や，ベクターに挿入した大腸菌の増殖を阻害する遺伝子を平滑末端になるように切断しておき，そこに平滑末端のDNAをそのままライゲーションする方法などがあります（図1）．後者の方法の場合，目的DNA断片を含まないプラスミドは増殖を阻害する遺伝子を発現しますので，大腸菌は増えません．

クローニングベクターへのクローニングが完了し，目的遺伝子のシークエンスも確認したらプラスミドから切り出し，次は発現ベクターへの組み換えを行います（図2）．制限酵素で目的遺伝子をクローニングベクターから切り出し，同様の制限酵素で切った発現ベクターにリガーゼとともに加えることで，目的遺伝子を発現ベクターに組み込みます．このときに使用する制限酵素の認識配列が目的遺伝子中に存在すると，目的遺伝子も切断されてしまいますので，面倒なことになります．したがって，このようなことがないように最初の段階で制限酵素の認識配列が目的遺伝子中にないことを確認しておくことが必須です．

他にも気をつけることとして，形質転換した大腸菌のコロニーから目的遺伝子が組み込まれていない発現プラスミドばかりがとれてくるという場合は，以下の2点の理由により制限酵素による切断がうまくいっていないことが考えられます．まず，制限酵素には認識配列の両端に数塩基対が組み込まれている（足場がある）ことが切断活性に重要であるものがあります．また，発現ベクター中の制限酵素の認識配列は，かなり近接していることが多いです．このことから，2種類の制限酵素を同時に加え反応をさせた場合，足場が必要な制限酵素より先に他方の制限酵素がDNAを切断すると，その制限酵素

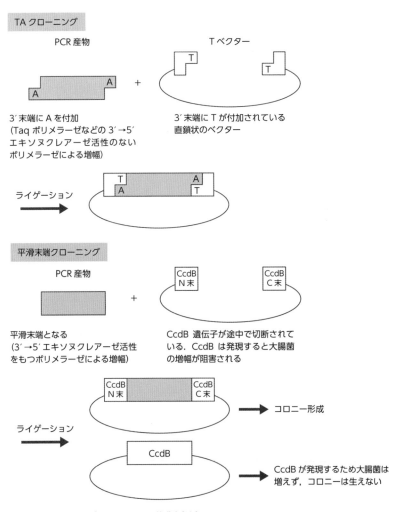

図1 クローニングベクターの作製方法

は足場が足りなくなりベクターを切れない状態になります。先にも述べましたが、発現ベクター中の制限酵素の認識配列は近接しているため、1つの酵素でしか切れていないのか、2つの酵素で切れているのかをアガロースゲル電気泳動で判別することはできません。実際は、1つの制限酵素でしか切れていない状況なのに、2種類の制限酵素を加えているために、2つの制限酵素で切れていると信じて実験を進め、目的遺伝子が組み込まれていない発現プ

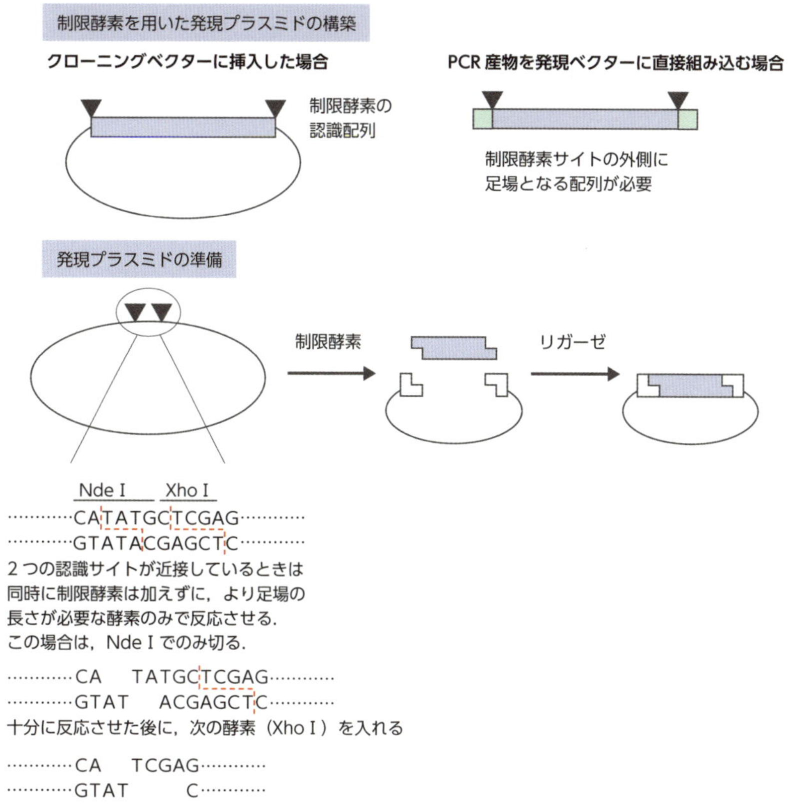

図2　制限酵素を用いた発現プラスミドの構築方法

ラスミドばかりがとれてくることがあります．このような失敗をしないために，まず認識配列に加え足場が必要な制限酵素のみを反応させ，十分時間が経過した後に2つ目の制限酵素を加えるという段階的な切断を行います．各制限酵素が認識配列に加えて，どの程度の足場が必要なのかはニュー・イングランド・バイオ・ラボ社のウェブサイト[1]にまとめられています．ぜひ参考にしてみてください．

2 クローニングベクターを用いない方法

クローニングベクターを作製するのが面倒だと言う人は，PCR産物をダイレクトに発現ベクターに組み込むことも可能です．そのためには，目的遺伝

子を制限酵素の認識配列を含むプライマーで増幅させ，精製した後に，制限酵素を加えて両端を突出末端にします．このDNAを同様の制限酵素で処理した発現ベクターと混ぜ，リガーゼにより連結させます．発現ベクターに組み込むことができたら，クローニングベクターの時と同様に必ずシークエンスを確認しましょう．この方法の注意点は，前述した発現ベクターを2種類の制限酵素で処理する際の，認識配列と足場の長さと同じことが，目的遺伝子のPCR産物にも当てはまることです．プライマーを設計する際に，5′末端にすぐに制限酵素の認識配列を配置すると出来てくるPCR産物は伸長方向には足場がありますが，逆の方向には足場がなく制限酵素の切断効率が下がります．このことを回避するために，プライマーの5′末端に任意の配列（なんでも良いですが，くり返し，回文配列，GCリッチな配列は避けましょう）を配置し，その後に制限酵素の認識配列，目的遺伝子の配列とします．ただし，余計な配列が増える分，プライマーの特異性が下がります．cDNAライブラリーを鋳型にしたPCRなどでは，余計な配列を付加することによって増幅されなくなる可能性もあります．

制限酵素を用いない発現プラスミドの作製（Seamless cloning法）

　制限酵素を用いないプラスミドの構築は，相同組換え（homologous recombination）によって行います．Seamless cloningとよばれる方法です（図3）．相同組換えと聞いただけで，ハードルが上がる感じを受け，さらにチューブ内でその反応を起こさせるとなると非常に難しいと思われるかもしれません．しかし，実際は，制限酵素で切ったり貼ったりするよりシンプルな方法です．Seamless cloning法の概略は以下の通りです．まず目的遺伝子をPCRにより増幅します．その際に両末端に15塩基対程度のクローニングする先のベクターの配列を付加しておきます．そして，クローニングするベクターをPCRもしくは制限酵素による切断により直鎖状にします．目的遺伝子とベクターを混ぜ，反応試薬を加えることで，相同組換えによりベクターに目的遺伝子を組み込みます．ここで用いる反応試薬は，複数のメーカーから商品化されているため購入することが可能です．制限酵素を用いないため，前述したような注意事項がありません．本当に簡単な方法ですので，多くの研究室で標

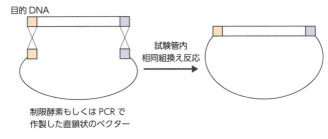

図3 Seamless cloning法

準的な方法として使用されるようになると思われます．ただし，Seamless cloning法を試してみようと思っても，現在市販されているキットの多くが高価なため，研究室の先生もしくは先輩から制限酵素を使ってクローニングしなさいと言われてしまうかもしれません．そのときは，自分で反応試薬を調製しましょう．幸運なことに，論文に反応溶液の調製方法が公開されています[2)〜5)]．これらの文献を参考に，経済的なSeamless cloning法の確立をお勧めします．

（立和名博昭）

タンパク質の声

DNA 切ったり貼ったり 四苦八苦

古典的な制限酵素を用いたDNAのクローニングを難しいと感じている人は，Seamless cloning法を試してみてください．

参考文献・ウェブサイト

1) 「Cleavage Close to the End of DNA Fragments」New England Biolabs. https://www.neb.com/tools-and-resources/usage-guidelines/cleavage-close-to-the-end-of-dna-fragments
2) Motohashi K：BMC Biotechnol, 15：47, 2015
3) Okegawa Y & Motohashi K：Biochem Biophys Rep, 4：148–151, 2015
4) Motohashi K：Methods Mol Biol, 1498：349–357, 2017
5) 本橋 健, 他：実験医学, 34：2349-2354, 2016

第2章 発現コンストラクト，思い通りにつくれていますか？

7 変異体のデザイン，発現系への変異導入，うまくできていますか？

Case

常識度 ★★★★☆　　危険度 ★★☆☆☆

Bさんはタンパク質の精製がうまくいき，実験結果が出はじめました．そこで，機能解析をさらに進めるために，変異体の解析を行うことにしました．Bさんが機能解析について調べたところ，どのような変異体で解析をするのか，欠失体なのか，点変異体なのか？どの領域を欠失させるのか？どのアミノ酸に置換を導入するのか？何のアミノ酸に置換するのか？など変異体の解析と言っても，さまざまなパターンが存在することが分かり何を行うべきか迷ってしまいました．Bさんは一体どんな変異体を用意するとよいのでしょうか？

キーワード ▶ 変異体，インバースPCR

目的別の変異体のデザイン

　タンパク質の変異体を解析するにあたり，まずやるべきことは変異体のデザインです．変異体には大きく分けて，ある領域を丸ごと除いた欠失変異体（deletion mutant）と特定の1アミノ酸に置換を導入した点変異体（point mutant）もしくは複数のアミノ酸にそれぞれ置換を導入した変異体があります．何を明らかにしたいのかによって，これらの変異体を使い分けます．欠失変異体は機能ドメインの解析をするときに，そのドメインのみを精製もしくは欠失させたものです．点変異体を用いるのは，そのタンパク質の機能を1アミノ酸まで絞り込むときです．欠失変異体でまずは大まかに機能的な領域を絞り込んでおいて点変異体の解析を行うこともあります．また，どのアミノ酸に置換するのかはよく考えるべきです．論文として発表する際に査読

者および読者が納得する置換が入っている変異体でないといけません．アミノ酸置換により，そのアミノ酸が持っている（であろう）機能を阻害したいときは，アラニンに置換することが多いです．アラニンスキャニングと言って，アミノ酸を1つずつアラニンに置換して，重要なアミノ酸を同定する方法もあります．

　一方で，アミノ酸に特定の機能を付加する場合や，化学修飾を模倣（ミミック）したいときには，いくつかの決まったパターンがあります．例えば，セリンもしくはスレオニンのリン酸化をミミックしたいときは，リン酸化により負にチャージすることを考え，酸性の側鎖をもつアスパラギン酸もしくはグルタミン酸に置換します（図1）．また，リジンのアセチル化をミミックするときは，リジンの側鎖がアセチル化されたときに最も側鎖の構造が似ているグルタミンに置換します（図1）．リジンと同様に側鎖が正にチャージしているが，解析対象となるリジンと同様の酵素では化学修飾が起こらないアルギニンに置換した変異体を用いて解析を行うこともあります（図1）．これらの置換は，必ずしもリン酸化やアセチル化されたときと同じ効果を示す保証はありませんが，酵母を用いた遺伝学的な解析により，細胞内で機能することがあることが示されており，いわばお墨付きの置換方法です．ただし，前述したアミノ酸置換のやり方のみが正しいわけではありません．重要なことは，そのアミノ酸に置換した理由がきちんと説明できることであり，これができるのであれば，どのアミノ酸に置換してもよいです．

発現プラスミド上での変異導入

　変異体のデザインが決まったら，次に発現プラスミドに組込まれている遺伝子に置換を導入します．欠失変異体も点変異体の作製も，インバースPCRで行うことが最も簡便です．インバースPCRは，ゲノムDNA上の配列が未知の領域を調べることに使われていました（図2A）．ゲノムDNA中の既知の領域の両端にある未知の領域を1種類の制限酵素で切り出します．切れたDNA断片をリガーゼによりセルフライゲーションさせることにより環状DNAにします．そして，既知の領域にアニーリングし，互いに離れる方向に伸長するプライマーを用いてPCRを行います．既知の配列をもとに増幅された

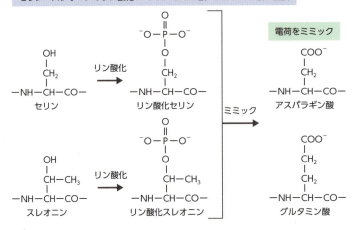

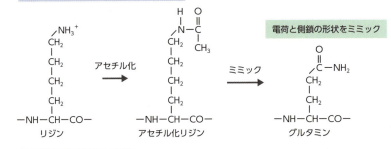

図1 **アミノ酸の化学修飾を模倣または阻害する方法**

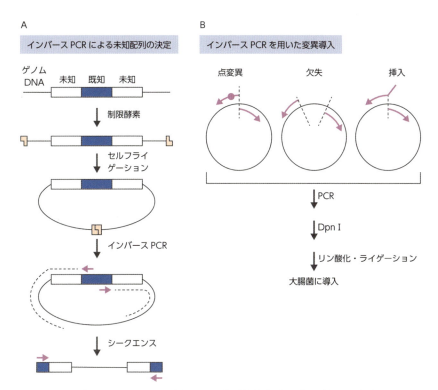

図2 インバースPCRによる未知の配列の決定方法と変異導入の方法

DNAのシークエンスを行うことで，未知の領域の配列を明らかにする方法です．

　このインバースPCRを用いて，もともと環状の発現プラスミドを鋳型にして変異体の遺伝子を作製することができます（図2B）．かなり長い領域を欠失させることもできますし，タグの配列などを挿入することもできます．インバースPCRを行った後は，鋳型として用いた発現プラスミドをランダムに短い断片に切断することが必要となります．そうすることで，大腸菌に取り込まれなくなり，鋳型プラスミドをもったコロニーが生えなくなり，変異を導入した発現プラスミドのスクリーニングが可能になります．鋳型DNAの切断は，DpnIという制限酵素を用います．DpnIの認識配列は，GATCの4塩基対ですので理論上256塩基対に1回存在することになります．2,000塩基対程度の短いプラスミドでも，約8カ所で切れることになります．さらに，

DpnⅠは認識配列中のアデニンがメチル化されているときのみ切断する性質があり，GATCの配列でもアデニンがメチル化されていないときは，切断が起こりません．アデニンのメチル化は，大腸菌内（dam+菌株）では起こりますが，PCRによって伸長されたアデニンでは起こりません．このことを利用して，DpnⅠによって大腸菌で増幅した鋳型プラスミドのみ切断することができます．次に，増幅したDNAのリン酸化およびライゲーションを行い，大腸菌に導入します．

　インバースPCRを行ううえで重要なポイントは，プライマーのデザインおよびポリメラーゼの選択です．プライマーのデザインは，図2Bに示したように行います．2つのプライマーが重複しないことに注意します．重複すると，そこが繰り返し配列となってしまいます．インバースPCRではプラスミド部分も増幅させますので，ポリメラーゼの伸長時にエラーが起きる確率も高くなります．この問題を最小限にするために，インバースPCRを行う際には長いDNAを正確に増幅できる（ハイフィデリティ）ポリメラーゼを使用します．ポリメラーゼの特徴は，各メーカーのカタログに記載されていますので，参考にしてください．

（立和名博昭）

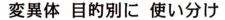

タンパク質の声

変異体 目的別に 使い分け

変異体は根拠をもってデザインしましょう．

第3章

タンパク質の発現が悪いな…と悩んでいませんか？

1 いつも同じ培地で培養していませんか？ ……………………… 62
2 培養液の滅菌処理，適切ですか？ ………………………………… 67
3 コロニーが全く生えない….そんな経験ありませんか？ ……… 71
4 大腸菌株のセレクションは適切ですか？ ………………………… 74
5 適切な培養液量で培養していますか？ …………………………… 77
6 分解している!?培養温度が高すぎませんか？ ………………… 80

第3章　タンパク質の発現が悪いな…と悩んでいませんか？

1　いつも同じ培地で培養していませんか？

Case　　常識度 ★★☆☆　　危険度 ★★☆☆☆

Eさんは新しいプロジェクトをまかされ，DNAとタンパク質の複合体を精製することになりました．まず，プラスミドDNAとタンパク質をそれぞれ精製するために，培地を作製することにしました．Eさんは，「精製したい物質がタンパク質だろうがプラスミドDNAだろうが，大腸菌を増やすのだから，培養にはLB培地が最適だろう」と考えました．そこで一生懸命，大量にLB培地を作製し，培養しました．しかし，実際にとれたプラスミドDNAは，予想された量よりもずいぶんと少ない量でした．プラスミドDNA精製が得意なXさんに比べ，なんと1/10程度の量しかプラスミドDNAが取れていないのです．がっかりしたEさんは，「きっとXさんは10倍量のLB培地で精製しているからたくさんとれるにちがいない」と考え，再びLB培地作製に勤しむのでした．

キーワード▶培地

「大腸菌ならLB培地」と思っていませんか？

　DNAやタンパク質の精製を目的として大腸菌を培養したいとき，チェックするポイントは菌株の種類と培養時間だけだと思っていませんか？「大腸菌ならLB培地」と機械的に考えていませんか？もちろん，大腸菌はLB培地で増えます．しかし，DNAを精製するのが目的の場合と，タンパク質を精製するのが目的の場合では培地を使い分けた方がよい場合があります．また，DNA精製をするための培養でも，クローニングが目的の場合と大量精製が目的の

場合では，使用する培地の種類は異なります．培地組成により，大腸菌の生育速度，細胞内でのプラスミドのコピー数，タンパク質の発現効率などが異なるので，目的に応じて用いる培地の種類を見直してみるのもよいでしょう．以下に，よく使われる培地と使用例を紹介します．

1 LB培地（lysogeny broth medium）

大腸菌を培養するための，最もポピュラーな培地です．大腸菌を培養するためにはまずはこの培地を試しましょう．形質転換した大腸菌を撒くときに使われる寒天プレートは，LB培地に終濃度1.5％（w/v）で寒天を加えたものをベースに，抗生物質を添加して作製するのが一般的です．上手につくるにはコツがいるので，コラム1を参照してください．

2 TB培地（terrific broth medium）

トリプトン・酵母エキスがともにリッチで，さらにリン酸を加えています．DNAの大量精製に適した培地です．TB培地を作製する際は，リン酸溶液は金属イオンと混ぜてオートクレーブをすると沈殿が生じるため，TB培地〔リン酸（−）〕とリン酸溶液を別々に作製し，オートクレーブします．冷めてから，TB培地〔リン酸（−）〕に対し，リン酸溶液を加えることでTB培地は完成します．それぞれの組成に関しては表をご覧ください．

3 SOC培地（super optimal broth with catabolite repression）

大腸菌の形質転換に用いる培地です．一般的な形質転換では，コンピテン

コラム1

寒天培地のつくり方，大丈夫ですか？

寒天培地は簡単に作製できます．培地に寒天を加えてオートクレーブし，ある程度冷ましてから無菌状態を保ってプレートに流しこんで固めます．抗生物質を含むプレートをつくりたい場合は，プレートに流し込む前，40℃〜50℃程度まで冷却した培地に抗生物質を加えるのが安全です．なぜなら，抗生物質のなかには，高温では分解してしまうものがあるからです．抗生物質のなかでも，おそらく最も頻繁に使われるアンピシリンは熱に弱く，水溶液中では室温でも分解が進みます．くれぐれも温度が高い培地に加えたりしてはいけません．

第3章 タンパク質の発現が悪いな…と悩んでいませんか？

トセルとDNAを混ぜて30分間氷中に静置後，42℃で45秒間のヒートショックにより細胞内にDNAを取り込ませます．SOC培地を加え，37℃で1時間回復培養を行った後，必要な抗生物質を含むプレートに菌液を撒きます．栄養豊富なSOC培地を用いて回復培養することにより，大腸菌の細胞壁の修復などを行なっていると考えられています．回復培養は抗生物質を含まない状態で行うため，微生物のコンタミネーションには特に注意が必要です．1.5mLチューブに使い切りサイズで分注して凍結保存しておくと，微生物の混入・繁殖の機会を大幅に減らすことができます．

4 M9培地

大腸菌の培養に際し，最低限の栄養素のみ入れている培地です．最小培地ともよばれています．トリプトンや酵母エキスなどに由来するアミノ酸や，炭素源や窒素源が含まれていないため，この培地で培養した大腸菌内で発現するタンパク質に，特定の元素を取り込ませ，タンパク質を標識することな

表　大腸菌用培地の組成

	組成
LB培地 (100 mL)	トリプトン：1g NaCl：1 g 酵母エキス：0.5 g （アガー：1.5 g）＊

＊寒天LB培地を作製する場合

	組成
TB培地（リン酸（−）） (900 mL)	トリプトン：12 g 酵母エキス：24 g グリセロール：4 mL
リン酸溶液＊＊ (100 mL)	K_2HPO_4：12.5 g KH_2PO_4：2.3 g

＊＊別にオートクレーブを行い，冷めた後の培地に添加する．

	組成
SOC培地 (100 mL)	トリプトン：2 g NaCl：0.05 g 酵母エキス：0.5 g 1 M KCl：0.25 mL 1 M $MgCl_2$：1 mL＊＊ 1 M $MgSO_4$：1 mL＊＊ 1 Mグルコース：2 mL＊＊＊

＊＊別にオートクレーブを行い，冷めた後の培地に添加する．
＊＊＊別にフィルター滅菌を行い，冷めた後の培地に添加する．

	組成
M9培地 (1,000 mL)	Na_2HPO_4：12.8 g KH_2PO_4：3.0 g NaCl：0.5 g NH_4Cl：1.5 g

	組成
2×YT培地 (100 mL)	トリプトン：1.6 g NaCl：0.5 g 酵母エキス：1.0 g （20％グルコース：0.5 mL，終濃度0.1 ％＊＊＊）

＊＊＊加える場合は別にフィルター滅菌を行い，冷めた後の培地に添加する．

あなたのタンパク質精製、大丈夫ですか？

どが可能です．NMRによる解析を目的として，[^{13}C]–グルコース，[^{15}N]–塩化アンモニウムを加え，安定同位体ラベルしたタンパク質を産生することができます．また，M9培地にセレノメチオニンを加え，メチオニン要求株を用いてタンパク質を発現させることにより，メチオニンがセレノメチオニンに置換されたタンパク質を産生させることができます．メチオニンがセレン原子で標識されたタンパク質を用いることにより，X線結晶構造解析の際に必要な位相に関する情報を得ることができます．

M9培地では大腸菌の増殖が抑えられるため，多くの菌体を得るためには，LB培地などによる前培養が必要です．また，グルコース，チアミン，ビオチンなどの栄養素を加え，菌体の増殖を調節することもあります．大腸菌の増殖速度が抑えられることにより，分解やフォールディング不全が解消されることがあるため，発現させるタンパク質によっては，精製に対して良好な結果をもたらすこともあります．

コラム2

カタボライト抑制

大腸菌をはじめとしたバクテリアは，グルコース，ラクトース，アラビノース，ガラクトースなど，糖に依存したさまざまな代謝経路を有しています．これらの代謝経路は互いに制御し合うことが知られています．そのため，ある代謝生成物が他の代謝経路や酵素合成の発現を抑制することがあります．この現象はカタボライト抑制（異化産物抑制）とよばれています．

カタボライト抑制を利用することで，大腸菌内のプラスミドコピー数を増やすことができます．例えばグルコース存在下の大腸菌では，ラクトース代謝経路など複数の代謝経路が抑制されます．抑制される代謝経路には大腸菌の増殖に関する経路も含まれています．つまり，グルコースを添加することで，大腸菌の増殖を抑えることができます．この性質を利用することで，一時的に大腸菌の増殖を抑え，大腸菌内のプラスミドコピー数を増やすことができます．

Caseにあげた，プラスミド精製が上手だったXさんは，10倍量のLB培地で大腸菌を培養していたのではなく，いろいろな培地をうまく使ってプラスミドの菌体内でのコピー数を増やしていました．まず，目的プラスミドを形質転換した大腸菌をLBプレートに撒きます．一晩培養して生えてきたコロニーを，TB培地で3時間培養し，20倍量の2×YT（グルコース＋）培地に植え継ぎます．2×YT培地にはグルコースが含まれているので，この培養中に菌体内のプラスミドのコピー数が増えていると考えられます．5～7時間培養して培養液がうっすら濁ってきたら，遠心分離により菌体を回収します．菌体についたグルコースをTB培地で洗って除き，菌体を培地に再懸濁して全量をさらに20倍量のTB培地に植え次いで1日培養し，菌体量を増やします．この菌体を回収し，プラスミドを精製していたのです．

5　2×YT培地

　トリプトン・酵母エキスともにリッチな培地で菌体が多くとれます．さらにグルコースを終濃度0.1％で加えた2×YT（グルコース＋）培地では，カタボライト抑制の効果により大腸菌の増殖能が抑えられることで，大腸菌内のプラスミドのコピー数が増えるといわれています．そのため，プラスミドDNAを精製する際の前培養に用いることで，DNAの収量を増やすことができます．

　空気中の雑菌やフラスコに付着した雑菌がコンタミしているため，培地に必要な物質を混ぜ合わせた後は，雑菌が増殖しないように，すみやかにオートクレーブ滅菌を行いましょう．
　大腸菌の培養は必ずしもこの培地でないといけない，ということはありません．しかし，それぞれの特性に応じて培地を使い分けることで効率よく目的物を生産することは可能です．

（田口裕之，佐藤祥子）

タンパク質の声

目的に　合わせて培地　使い分け

適切な培地を選択することで，効率よく目的が達成できます．

第3章 タンパク質の発現が悪いな…と悩んでいませんか？

2 培養液の滅菌処理，適切ですか？

Case

常識度 ★★★★★　危険度 ★★★★★

Hさんはタンパク質精製を行うことになりました．タンパク質発現に用いる大腸菌培養用の培地を作製したものの，実験予定の変更で，実際の培養は1週間後になってしまいました．培地はオートクレーブしたから，1週間後でも使えるだろうと培養予定日まで放置しました．培養当日，培地を確認すると少し濁っていました．しかしHさんはオートクレーブしているから問題ないと判断し，そのまま培養しようとしました．そこにY先輩が通りかかり，一喝されました．「その培地，濁っているじゃないか．早く滅菌して新しい培地をつくらないといけないよ．」

キーワード ▶ 滅菌，オートクレーブ，カルタヘナ法

オートクレーブ処理を甘く見ていると痛い目にあいます！

1 培地作製時の滅菌処理，大丈夫ですか？

　培地は作製後，すみやかに高圧蒸気滅菌器（オートクレーブ，図1）に入れて滅菌処理を行います．なぜなら大腸菌だけでなく，水や試薬，フラスコ，空気中に含まれる雑菌（細菌・カビなど）も培地中で繁殖するからです．滅菌処理を行うことで，容器内の雑菌が死滅し，きれいな培地ができます（図2左）．一方，雑菌が混入（コンタミネーション，略してコンタミ）した培地は図2右のように培地が濁り，汚れてしまいます．

　一度滅菌処理を行なうと培地は常に滅菌状態というわけではありません．例えばアルミホイルで容器を覆うだけであったり，蓋の開け閉めを何度も行っ

図1 オートクレーブ

図2 滅菌処理した培地（左）と雑菌が混入（コンタミ）した培地（右）

ていると雑菌が混入することがあります．培地の濁りがわずかだったとしても，その培地はコンタミしており，使用するのは厳禁です．抗生物質を加えれば雑菌は繁殖せず，培養しても問題ないと考える人もいますが，多剤耐性菌をつくる原因にもなり，重大な事態が引き起こされる可能性があります．培地がコンタミしているのを発見したら，即時オートクレーブ滅菌し，廃棄しましょう．

　コンタミした培地は何が混入しているかわからないため，そのような培地を用いて培養すると，目的の実験を遂行するどころか，何が起きるか想像もつきません．再現性よくタンパク質精製を行うためにも，滅菌したフレッシュな培地を用いて培養を行いましょう．

2 培地廃棄時の滅菌処理，大丈夫ですか？

　大腸菌を培養し，集菌した後の培地処理は適切ですか？集菌した後の培地は，見た目がきれいでも菌体が残っています．滅菌処理をせずに培地を廃棄するということは，培地中に含まれる"組換え大腸菌を未処理のまま廃棄する"ことと同義です．実験に用いた組換え大腸菌は自然界に存在するものではありません．そのため，組換え大腸菌が拡散することで，生物の多様性に重大な影響を及ぼす可能性があります．

　大腸菌など組換え生物を用いた実験は「遺伝子組換え生物等の使用等の規制による生物の多様性の確保に関する法律」（カルタヘナ法）に基づく規制が

適用されます．カルタヘナ法によって組換え生物を廃棄する際は必ず死滅させるように義務付けられています．これは組換え生物の拡散防止のためです．

　組換え生物を扱う人は皆，カルタヘナ法について理解する必要があります．農林水産省のウェブサイトに掲載されていますので，一度確認しましょう[1]．

　組換え大腸菌を滅菌せずに流し台に廃棄したり，滅菌していない大腸菌の培養液を未処理のまま廃棄するという行為は，法律違反となります．組換え生物の取り扱い方を少しでも誤るとこのような大きな問題になります．廃棄前の培地は確実に滅菌処理をしましょう．

（田口裕之）

タンパク質の声

その培地 濁っているなら 取りかえて

滅菌処理を不適切な方法で行うと実験がうまく進まないだけでなく，法令違反や実験停止にもなり得る重大な問題です．正しく滅菌し，楽しい培養生活を送りましょう．

参考文献

1）農林水産省カルタヘナ法概要．
　http://www.maff.go.jp/j/syouan/nouan/carta/about/

コラム

オートクレーブの使い方，大丈夫ですか？

培地の滅菌処理に使われる最もポピュラーな機械がオートクレーブです．培地をフラスコごと入れることで簡単に滅菌できます．しかし使い方を誤ると重大な事故につながります．以下の2つの基本事項について注意しましょう．

1. 空焚きしていませんか？

オートクレーブは高圧蒸気滅菌器のため，水を必要とします．そのため乾熱滅菌と異なり水を適量加えないといけません．水を加えないと，空焚き状態となり，機器の故障につながるだけでなく，最悪の場合，火災の原因にもなります．オートクレーブは規定量の水を必ず加えてから滅菌しましょう．

2. 廃液や寒天培地が流路に詰まっていませんか？

オートクレーブは液体培地の滅菌処理以外にも，寒天培地や組換え生物が付着したプラスチック容器や紙ゴミ類などの廃棄物を滅菌する際にも用います．これらの廃棄物はオートクレーブバッグに入れて，オートクレーブを行います．その際，廃棄物の入れすぎによって，オートクレーブバッグに穴が開いてしまうと，滅菌中に溶け出した寒天培地やその他の廃棄物が廃液流路に詰まり，故障の原因になります．オートクレーブバッグは満杯にせずに滅菌処理を行いましょう．

第3章　タンパク質の発現が悪いな…と悩んでいませんか？

3 コロニーが全く生えない….そんな経験ありませんか？

Case

常識度 ★★★☆☆　　危険度 ★★★★☆

Iさんは，発現用ベクターに目的遺伝子を組込むことに成功し，ついにリコンビナントタンパク質の精製に着手しました．いつものように，大腸菌にプラスミドDNAを加えて，ヒートショックを行い，抗生物質入りのプレート上に塗布して，意気揚々とラボを後にしました．翌日，インキュベーターを開けてみると，なんとプレート上にコロニーが1つもありません．プレートをつくり直してみたものの，結果は変わらず，Iさんは途方に暮れてしまいました．

キーワード ▶ 形質転換，コンピテントセル

そのコンピテントセル，元気ですか？

　コンピテントセルを冷凍保存（−80℃）していたとしても，コンピテンシー（形質転換の効率）は少しずつ下がっていきます．長期保存していたコンピテントセルはコンピテンシーが著しく下がる可能性があるので，定期的につくり直すことをお勧めします．また，凍結融解をくり返すのも厳禁です．

プラスミドのサイズが大きすぎる

　プラスミドのサイズが10〜15 kb以上の大きなベクターは，大腸菌への導入効率が著しく減少することが報告されています[1]．その場合，プラスミドのサイズが小さいベクターに変更するか，コンピテンシーの高い大腸菌株を使用することで解決することがあります．

その目的遺伝子由来のタンパク質は大腸菌に対して毒性があるかもしれません

繁用されているベクターシステムでは，IPTGによって*lac*もしくは*tac*プロモーターによってT7 RNAポリメラーゼの発現を誘導することで，T7プロモーターによって制御されている目的タンパク質生産を誘導しています．そのようなベクターを使用する場合は，T7 RNAポリメラーゼが大腸菌ゲノムに組込まれているDE3株を使用する必要があります．原理的には誘導時にしか目的タンパク質が生産されないのですが，実際には非誘導時においても，わずかながら発現されるT7 RNAポリメラーゼや，大腸菌の内在的なRNAポリメラーゼによって，目的タンパク質の生産が少量行われます．目的タンパク質が，大腸菌に対して毒性がある場合，この少量のタンパク質の存在によって形質転換体が得られないことがあります．そのようなときには，T7リゾチーム遺伝子をもつプラスミドpLysSまたはpLysEを導入した大腸菌を用いて形質転換してみましょう．T7リゾチームはT7 RNAポリメラーゼに結合することで転写を抑制するため，非誘導時におけるタンパク質発現を低下させます．

回復培養を十分に行っていますか？

セレクションに用いる抗生物質にも注意する必要があります．アンピシリンは細胞壁合成阻害剤なので，大腸菌はただちに死滅するのではなく，増殖できないだけです．そのため，形質転換を行ってから，セレクションに用いる培地に撒くまでの回復培養が不十分であっても，塗布されたプレート上で細胞壁を修復し，コロニーを形成することができます．一方で，カナマイシンやクロラムフェニコールはリボソーム上でのタンパク質合成阻害剤です．したがって，抗生物質入りのプレート上に塗布される前に，非選択圧下で耐性遺伝子が発現している必要があります．回復培養が不十分だと耐性遺伝子が発現していないため，形質転換体が得られないことがあります．

(小林　航)

> **タンパク質の声**
>
> **精製の はじめの一歩は 形質転換（トランスフォーム）**
>
> 形質転換の失敗で実験日程が大きく崩れるなんてことも．安易に考えず，十分に気をつけよう．

参考文献
1）Hanahan D：J Mol Biol, 166：557-580, 1983

第3章 タンパク質の発現が悪いな…と悩んでいませんか？

4 大腸菌株のセレクションは適切ですか？

Case

常識度 ★★★★☆　　危険度 ★★☆☆☆

Jさんは，目的タンパク質の発現条件の検討のため，研究室に保管されていたBL21株を用いて，目的タンパク質を過剰発現させることを試みました．しかし，目的タンパク質の生産量が低く，生化学的解析や構造生物学的解析を行うのに十分な収量が得られないことがわかりました．その後，培養温度・時間などの条件を検討しましたが，一向に改善がみられませんでした．Jさんは，大腸菌以外の宿主で目的タンパク質を発現させることを考えはじめましたが，その前に検討すべきことはないのでしょうか？

キーワード ▶ 大腸菌株

大腸菌では発現しない…とあきらめる前に試してみよう

　繁用されているタンパク質発現用ベクターシステムでは，T7 RNAポリメラーゼによって目的タンパク質の遺伝子を転写しています．T7 RNAポリメラーゼ遺伝子は，大腸菌ゲノムには元々はコードされておらず，そのため，T7 RNAポリメラーゼ遺伝子が大腸菌ゲノムに組込まれているDE3株を使用する必要があります．大腸菌にも，大きくK株系統とB株系統が利用できます．B株由来のBL21（DE3）株が，タンパク質発現のための代表的な大腸菌株として知られていますが，JM109やDH5αなどのK株由来の大腸菌株に変えただけで，目的タンパク質の発現量が劇的に向上することがあります．さらに，不足しているtRNAや，タンパク質のフォールディングを助けるシャペロンタンパク質などを共発現させることで，タンパク質生産を改善するこ

とができます．そのため，Jさんはまずは異なる大腸菌株の使用も検討すると良いでしょう．以降に，目的に応じた大腸菌株の選択方法をご紹介します．

1 使用頻度の低いコドン（レアコドン）の補充

アミノ酸を指定するコドンの使用頻度は，生物種によって異なるため，大腸菌内での異種タンパク質の発現が困難になるケースがあります．使用頻度の低いコドン（レアコドン）が多く含まれる目的遺伝子を過剰発現させると，大腸菌内でのtRNAプールが枯渇してしまいます．その結果，翻訳の失敗や効率の低下，間違ったアミノ酸の取り込みなどの原因となります．レアコドン（アルギニン，イソロイシン，ロイシン，プロリンなど）に対応したtRNAを多くコードした大腸菌株として，Rosetta株（メルク社）やBL21-CodonPlus株（アジレント・テクノロジー社）などがあります．

2 ジスルフィド結合の形成によるタンパク質の安定化

システインの-SH基を介したジスルフィド結合は，タンパク質のフォールディングに重要です．大腸菌の細胞質内は還元状態にあるため，ジスルフィド結合を形成しにくくジスルフィド結合の形成がタンパク質のフォールディングに重要な場合，フォールディングが不十分なタンパク質は分解されてしまうか封入体に移行してしまいます．還元酵素に変異を加えた大腸菌株では，細胞内が酸化状態に傾くことでジスルフィド結合の形成が促進され，正しくフォールディングされたタンパク質が発現する場合があります．還元酵素を欠損させた大腸菌株として，Origami株（メルク社）やRosetta-gami株（メルク社）などがあります．

3 目的タンパク質による細胞毒性の軽減

目的タンパク質が大腸菌の増殖を阻害する場合，結果として目的タンパク質の発現量が少ない，または発現しないケースがあります．BL21（DE3）pLysS株（プロメガ社）では，外来遺伝子として発現されたT7リゾチームがT7 RNAポリメラーゼに結合することで転写を抑制するため，基底レベルでの発現量を低くし，細胞毒性の強いタンパク質の発現誘導を厳密にコントロールすることができます．

第3章 タンパク質の発現が悪いな…と悩んでいませんか？

表 タンパク質精製に用いる大腸菌株の特徴

目的	大腸菌株	特徴
レアコドンの補充	Rosetta	レアコドンのtRNAコピーを追加
	Rosetta 2	pRARE, pRARE2を有する
	BL21-Codon Plus RIL	argU, ileY, leuWのtRNAコピーを追加
タンパク質のフォールディングの向上	BL21-Codon Plus RP	argU, prolのtRNAコピーを追加
	Origami 2	グルタチオン還元酵素（gor）とチオレドキシン還元酵素（trxB）の変異体
	Origami B	gor, trxB遺伝子に変異を加えたTuner株
	Rosetta-gami 2	pRARE2を有するOrigami2株
	Rosetta-gami B	pRAREを有するOrigami B株
	BL21 (DE3) pLysS	T7リゾチームの発現により，発現非誘導時の転写を抑制
発現量の調節	Tuner	lacZY欠失変異体
	Lemo21	ラムノース濃度依存的にT7リゾチームの発現を誘導可

4 発現誘導剤の濃度依存的に発現量を調整

　T7プロモーターによる転写は非常に強力なため，短時間で大量のタンパク質がつくられます．そのため，生産された目的タンパク質が互いに絡まりあい正常にフォールディングされず，凝集体を形成してしまうケースがあります．BL21株の*lacZY*欠失変異体である，Tuner株（メルク社）では，細胞内に取り込まれるIPTG量を均一にすることで，IPTGによる濃度依存的なタンパク質発現が可能となっています．また，Lemo21株（ニュー・イングランド・バイオ・ラボ社）では，ラムノース濃度依存的にT7リゾチームの発現を誘導できるため，その濃度依存的にT7 RNAポリメラーゼの活性をコントロールすることが可能です．

（小林　航）

タンパク質の声

困ったら 試してみよう *E.coli*株

ラボにあるさまざまな大腸菌株を総動員させて，発現条件を検討してみましょう！

第3章 タンパク質の発現が悪いな…と悩んでいませんか？

5 適切な培養液量で培養していますか？

Case

常識度 ★★★☆☆ 　　危険度 ★☆☆☆☆

Fさんは新しいタンパク質を精製するために，大腸菌を培養することになりました．まず，どのような条件が高い発現効率を示すのか，培養条件を検討しなくてはいけません．Y先輩から10種類くらいの条件で，タンパク質の発現効率の良し悪しを検討したらいいとアドバイスを受けました．「1条件1Lの培地をつくると10Lか．たいへんだけど頑張るぞ」とFさんは気合を入れています．Fさんが一生懸命培地をつくっていたところ，通りかかったY先輩が，「こんなにつくらなくてももっと簡単に確認する方法があるよ」とアドバイスしました．

キーワード ▶ 培養スケール，発現効率

実験内容と培養スケールが合っていますか？

精製したいタンパク質はどのような実験に使いますか？ 生化学的解析を行いたい，タンパク質の結晶化をしたい，核磁気共鳴（NMR）解析をしたいなど，目的によって必要なタンパク質量は異なります．実験目的に合わせたスケールで培養しないと，最終精製タンパク質の量が足りなくなり，再度培養からやり直しになってしまいます．このような効率が悪い実験を避けるために，どのくらいの量の培地で培養すれば，どの程度タンパク質が得られるのか，スケール感をもつことで，効率よく実験を進めることができます．

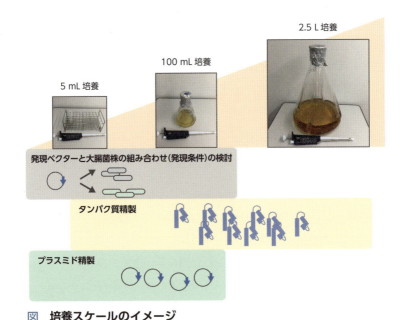

図　培養スケールのイメージ
用途によって適切な培養液量が異なる．培養例：5 mL, 100 mL, 2.5 L培養

1 タンパク質の発現条件を検討したい
（高発現する株とベクターの組合わせを検討したい）

　発現効率のよい株とベクターの組合わせを検討するためには，少量の培地を用いたスケールで解析することがおすすめです．1〜5 mL程度の培養で，リコンビナントタンパク質が発現しているかどうかを，SDSゲルを用いた電気泳動（SDS-PAGE）で検出することによって確認することができます．少量の培地での検討になるので，複数のベクター，複数の大腸菌株の検討を同時に行うことが容易です．また，同時に複数の培養条件を検討できるため，発現効率の比較も容易です．ただし，試験管と三角フラスコのように，容器の形状が異なる場合や，培地の量の違いによっても発現パターンは異なってきますので，少量での検討結果がそのまま大容量での培養に反映するとは限りません．このような場合には，フラスコのバッフルの有無や，振とう速度，フラスコ中の液量などについて検討すると良いでしょう．

2 タンパク質を精製したい

　目的タンパク質の発現条件が決定したら，実際にタンパク質を精製して生化学的解析を行うために，大腸菌を培養します．このとき，発現検討を行った培地量から培養スケールを大きくすると，それに応じて得られる目的タンパク質の量も増えると考えられます．精製過程で用いるカラムの数や，生化学的解析に必要なタンパク質量に応じて培養量を検討する必要があります．

3 プラスミドDNAを精製したい

　組換えDNA実験に必要なプラスミドDNAの量は，1〜5 mL程度など，少量の培養で十分得ることが可能です．例えばDH5αをシングルコロニーから5 mL LB培地で培養すると，プラスミドDNAが5 μg程度得られます．HeLa細胞やHEK293細胞などの哺乳類の培養細胞にDNAを導入する際などには，数百μgのスケールでプラスミドDNAが必要な場合があります．そのような場合は，タンパク質調製の場合と同様で，培養スケールを大きくすることで，得られるプラスミドDNA量を増やすことができます．

（田口裕之）

タンパク質の声
無駄のない 精製ライフを 送りたい

目的の解析法によってタンパク質やDNAの必要量は異なります．目的に合わせて適切な培養量で無駄のない精製を行いましょう．

参考文献
1) McDaniel LE, et al：Appl Microbiol, 13：115-119, 1965

第3章　タンパク質の発現が悪いな…と悩んでいませんか？

6 分解している⁉ 培養温度が高すぎませんか？

Case

常識度 ★★★★☆　　危険度 ★★★☆☆

Hさんは新しいタンパク質の精製をはじめました．Hさんは前回のプロジェクトで別のタンパク質を大量に精製した経験があったため，タンパク質の精製には自信があります．Hさんは，同じ大腸菌株を用いるのだから，前回と同じ条件で培養すればきっとたくさんのタンパク質が得られるに違いないと考えました．早速Hさんは，目的タンパク質をコードする遺伝子を導入した大腸菌を前回と同じ条件の37℃で一晩培養しました．大腸菌を回収して破砕した後，アフィニティークロマトグラフィーで粗精製を行い，SDS-PAGEによって解析した結果，目的タンパク質だと思われるバンドよりも低分子量の位置にたくさんのバンドが出現しました．Hさんは予想外の結果に途方に暮れてしまいました．そこでY先輩に相談したところ，「そのタンパク質，分解しているよ！」と言われました．前回のタンパク質ではうまく精製できたのにどうして今回は失敗したのでしょう．

キーワード▶分解，リードスルー，不溶化

そのタンパク質，分解していませんか？

リコンビナントタンパク質（組換え体タンパク質）の精製では，目的タンパク質がどの程度の純度で精製されているのか，確認する必要があります．これを簡易的に行うには，SDS-PAGEを用います．目的タンパク質の分子量付近にバンドがみられるか，分子量マーカーと比較して評価するのが一般的

です．しかしながら，タンパク質の等電点によっては，分子量マーカーと泳動度が大きく異なることがあるので注意が必要です．その場合，質量分析やウエスタンブロットなどの方法で，目的タンパク質であるか否かを確認することが必要かもしれません．詳しくは第5章-3，第5章-5を参照してください．タンパク質の分子量と等電点は，アミノ酸配列によって決まります．例えば，ウェブサイトExPASyのCompute pI/Mw tool[1]を用いれば，アミノ酸配列情報から，タンパク質の分子量と等電点を簡易に求めることが可能です（図）．

　精製後のタンパク質溶液の電気泳動像において，目的タンパク質のバンド以外にも，予想外の位置にバンドがみられることがよくあります．目的タンパク質より低分子量側にバンドがみられる場合，目的タンパク質の分解物，または目的タンパク質の翻訳停止による不完全なペプチド鎖である可能性が考えられます．また，目的タンパク質より高分子量側にバンドがみられる場合，終止コドンが読み飛ばされてできるリードスルータンパク質である可能性が考えられます．リードスルーとは，リボソームが終止コドンで停止せずに翻訳を続けることを指し，そのため，本来目的としたタンパク質よりも長いペプチド鎖が合成されることになります．目的タンパク質への夾雑タンパク質のコンタミネーションがどの程度許容されるかは，その後どのような解析に用いるのかによるでしょう．しかしながら，分解物やリードスルータンパク質は，目的タンパク質と性質が似ていることも多く，解析に影響が出る可能性も考えられるため，できる限り減らしたいものです．

　これらの分解物やリードスルータンパク質は，他の夾雑タンパク質と同様に，精製過程の追加により除くことができる可能性があります．また，アフィニティタグの変更やDNA配列の最適化など，コンストラクトの設計を変更することにより改善する可能性が考えられます．しかし，まずタンパク質の発現条件を検討し，最適化することは有効です．これにより，精製のスタート時点から夾雑物の割合を減らし，目的タンパク質をより高純度に得られる可能性が高まるのです．

そのタンパク質，不溶化していませんか？

　通常，翻訳されたタンパク質はただちにフォールディングされます．しか

Compute pI/Mw tools のサイトにいき，自分の興味あるタンパク質のアミノ酸配列，UniProt（https://www.uniprot.org）で付与されているタンパク質名〔UniProtKB/Swiss-Prot protein identifiers（ID）〕，または UniProt Knowledgebase accession numbers（AC）を入力します（赤丸）．図は，Uniptot AC の入力例です．入力したら，"Click here to compute pI/Mw" ボタンをクリックします（赤矢印）．

分子量と等電点を知りたいアミノ酸残基を指定します（赤丸）．全長について知りたい場合は，空欄で OK です．入力したら，SUBMIT ボタンをクリックします（赤矢印）．次ページに続く．

図　Compute pI/Mw toolを用いたペプチドの分子量と等電点の調べ方

82　　あなたのタンパク質精製、大丈夫ですか？

Compute pI/Mw

Home | **Contact**

Compute pI/Mw

H2A2B_HUMAN (Q8IUE6)

Histone H2A type 2-B
Homo sapiens (Human).
The computation has been carried out on a user selected segment from position 17 to position 130 in this sequence of 130 residues.

Considered sequence fragment:

```
 1    11    21    31    41    51
 |     |     |     |     |     |
 1         SRSS RAGLQFPVGR VHRLLRKGNY AERVGAGAPV YLAAVLEYLT   60
61 AEILELAGNA ARDNKKTRII PRHLQLAVRN DEELNKLLGG VTIAQGGVLP NIQAVLLPKK  120
121 TESHKPGKNK
```

» Fasta

Molecular weight (Da): 12382.39 (average mass), 12374.93 (monoisotopic mass)

Theoretical pI: 10.43

指定した範囲のアミノ酸残基の分子量と等電点が計算され，結果が表示されます.

し，タンパク質の翻訳スピードが速すぎるなど，折り畳みが追いつかないことで，フォールディング不全を起こすことがあります. 大腸菌でタンパク質を過剰発現させた場合，フォールディング不全を起こした過剰発現タンパク質は不溶化し，封入体を形成します. そのような場合は，培養温度を下げたり，培地の栄養条件を変えたりすることで，翻訳スピードを低下させることが可能です（後述）. 使用している発現ベクターを，大腸菌内でのコピー数の少ないものに変更することも有効です. そのような培養条件の変更によって，目的タンパク質が劇的に可溶化されることもあります. また大腸菌を破砕後，可溶性画分に存在する目的タンパク質の発現量が非常に少ない場合でも，不溶性画分に大量の目的タンパク質を発現していることがあるので，はじめて発現させるタンパク質では，さまざまな培養条件の検討を行うとともに，不溶性画分のタンパク質も電気泳動でチェックすることが重要でしょう.

タンパク質によって適切な培養温度などの培養条件があります

大腸菌でのリコンビナントタンパク質の発現条件を最適化するには，検討すべき項目がいくつかあります. 第2章-5のように，最適な大腸菌株と発現ベクターの組合わせを見つけることが必要です. これを怠ると，組合わせに

よっては，タンパク質の分解，発現量の低下，不溶化など，不適切な発現パターンを示します．さらに，最適な大腸菌株とベクターの組合わせでも，培養温度が最適化できていない場合，目的タンパク質を効率よく得られなくなることがあります．

　培養温度が高すぎることによってよく起こるトラブルが，目的タンパク質の分解，リードスルータンパク質の発現，フォールディング不全による不溶化です．これらが検出された場合，タンパク質の発現を誘導するときの培養温度を下げると改善することがあります．培養温度を下げることで，内在性プロテアーゼの活性が低下し，全長の目的タンパク質に対する分解物の割合が低くなります．また，翻訳の伸長速度が低下するため，終止コドンの読み飛ばしが起きにくくなり，リードスルーが改善することもあります．また，低温で培養し，タンパク質の翻訳スピードが下がると，タンパク質のフォールディング不全が解消されることがあると考えられています．そのため，不溶化して封入体を形成しやすいタンパク質を可溶性画分に発現させたい場合は，低温での培養を試してみることをお薦めします．一方，大腸菌の培養温度を下げると，大腸菌の増殖が抑えられ，菌体量の減少，リコンビナントタンパク質の発現低下が起こるため，目的タンパク質の総量が低下することに対して注意が必要です．

　また，培養時間が長過ぎることによって分解物が増えてしまうことがあります．目的タンパク質の発現量が十分である場合，培養時間を短くすることにより分解物の割合を減らすことができます．CaseのHさんが失敗した理由として，培養温度や時間が今回のタンパク質には適していなかったことが考えられます．

（田口裕之，佐藤祥子）

タンパク質の声

温度には　割と厳しめ　大腸菌

発現させたいタンパク質にあわせて，培養温度を調節しましょう．大腸菌の生育に最適な37℃の培養でも，目的タンパク質の分解，不溶化，リードスルーの発現などの問題が起こることがあります．

参考文献

1）Compute pI/Mw tool. https://web.expasy.org/compute_pi/

第4章

精製でタンパク質を失っていませんか？

1 溶液の pH は適正ですか？ 86

2 目的にあった溶液を選んでいますか？ 91

3 タンパク質が消えた！ 破砕は適切ですか？ 97

4 いつも同じ精製プロトコール頼みになっていませんか？ 102

5 タンパク質のタグ，大差ないと思っていませんか？ 111

6 不溶性画分のタンパク質，あきらめていませんか？ 117

7 そのカラム，ダメになっていませんか？ 122

8 タンパク質の吸光度は一定だと思っていませんか？ 127

9 その定量法，あなたのタンパク質に適していますか？ 130

10 タンパク質やバッファーの性質によって定量法を使い分けていますか？
.... 134

11 核酸−タンパク質複合体の精製法を知っていますか？ 139

第4章 精製でタンパク質を失っていませんか？

1 溶液のpHは適正ですか？

Case

常識度 ★★★★★　危険度 ★★★★☆

ある日，JさんはGST（グルタチオン S- トランスフェラーゼ）融合タンパク質の精製に用いる溶液を調製していました．いつも通り，大腸菌内で目的タンパク質を発現させ，大腸菌を破砕後，GS4Bビーズを充填したカラムにサンプルを加え，GST融合タンパク質を吸着させました．いざ，カラムからGST融合タンパク質を溶出しようとしたJさん．いつもはプロトコールどおり溶液を調製していましたが，今回はGS4Bビーズに結合させたGST融合タンパク質をしっかり溶出させようと，通常よりも高濃度のグルタチオンを含む溶液を調製し，タンパク質の溶出を行いました．目的タンパク質が大量に溶出されたことを確認し，大喜びのJさんでしたが，その後，溶出されたタンパク質は変性し沈殿してしまったのです．

キーワード ▶ pH，緩衝剤，緩衝範囲

溶液の最終pHを測っていますか？

　Jさんは，緩衝液のpH緩衝能が絶対的なものだと信じ込んでおり，その他の試薬の濃度によってpHが変化するとは考えていなかったようです．今回のCaseのように，溶液に20 mM程度のグルタチオンが含まれている場合，グルタチオンは酸性であるため，pHに影響を及ぼす可能性が高くなります．pHが緩衝剤の緩衝範囲を超えてしまうと，たちまち極端なpHになってしまい，タンパク質が変性または沈殿してしまうことがあります．グルタチオンだけでなく，核酸なども酸性であるため注意が必要です．新しい組成の溶液

を調製する際は，必ず溶液の最終pHを測定することをオススメします．Case
のJさんがタンパク質溶出に失敗した理由として，タンパク質溶出に用いた
溶液のpHが過多のグルタチオンによって酸性に偏っていたことが想像され
ます．

緩衝液ストックのpH調整

　緩衝液のpHは温度によって変化します．温度によるpHの振れ幅は，緩衝
剤によって異なります．市販されているpH調整済みの緩衝液にはpHと調整
した際の温度が記載されています．自作する場合，特に研究室で共用として
緩衝液ストックを作製する場合には，一律25℃で緩衝液ストックを作製する
などのルール作りが必須です．

　また，pH調整に用いる酸・アルカリ溶液としていつもHCl，NaOHを使
用していないでしょうか．例えば，酢酸ナトリウムのpH調整を行う際には
酢酸を用いますし，NaOHの代わりにKOHなどを使用する場合もあります．

　さらに，酸・アルカリ溶液で溶液のpHを調整しようと試みるも目的のpH
をオーバーしてしまったとき，皆さんはどうしますか？ HClを入れすぎてし
まったからといって，NaOHをちょっと足してpHを戻すのではなく，液量
を増やして緩衝剤を追加し，再度pH調整を行いましょう．

緩衝剤と緩衝範囲

　普段何気なく使用している緩衝剤ですが，どのくらい種類があるか知って
いますか？ 緩衝剤の例を図1に示しましたが，非常に多くの緩衝剤がありま
す．各緩衝剤は異なる緩衝範囲をもっており，また温度による影響にも違い
があります．緩衝剤のなかには，Good's bufferとよばれる12種類の緩衝剤
があります．これは，Good博士が選別した緩衝剤であり，生化学実験およ
び細胞生物学実験に適した緩衝剤としてピックアップされたものです[1]．目
的タンパク質の等電点（コラム1）などを指標にして，適切な緩衝剤を用い
ることがタンパク質精製においてたいへん重要です．

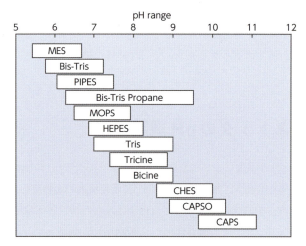

図1 主な緩衝剤の種類および緩衝範囲

pHメーターのメンテナンス

溶液のpHを測定するためのpHメーターですが,正確にpHを計測するためには,日々のメンテナンスが重要です.まず,定期的にpHの校正を行いましょう.最低でも,1日1回はpHの校正を行なうことをオススメします.

コラム1

等電点（Isoelectric point, pI）

タンパク質は,酸性アミノ酸,塩基性アミノ酸,疎水性アミノ酸などによって構成されています.酸性アミノ酸や塩基性アミノ酸を含むために,タンパク質は部分的に正および負の電荷を帯びています.タンパク質を溶解する溶液のpHを変化させていくと,タンパク質の平均電荷が見かけ上0になるpHが存在します.これを等電点といいます.タンパク質の等電点は,Swiss Institute of BioinformaticsのProtParam tool (http://web.expasy.org/protparam/) などを用いて計算することができます[2].タンパク質を精製する際には等電点を調べることは必須です.なぜならば,溶液中でタンパク質の電荷が正または負のどちらに偏っているのか知ることができるからです.例えば,タンパク質を溶解した溶液のpHとタンパク質の等電点を比較して,等電点が溶液のpHよりも低ければ,そのタンパク質は全体として負に帯電しますし,等電点がバッファーのpHよりも高ければ,そのタンパク質は全体として正に帯電します.このような情報をもっていると,タンパク質精製に用いる適切なカラムの選択が容易になります.

また，pH校正用の緩衝液は毎回新しいものを使用することが必須です．pH校正用の緩衝液の蒸発やコンタミネーションによるpHの変動によって，正しくpHの校正が行われない可能性があります．正しくpHを測るためには，pHメーターの校正も手を抜かずに行うように心がけましょう．また，簡易的にpHを測定するシートが市販されています．おおよそのpHを知りたいときなどはオススメです．

(堀越直樹)

コラム2

タンパク質とペプチドとの複合体の結晶構造解析

2つのタンパク質の相互作用を原子レベルで明らかにしようと考えたとき，X線結晶構造解析が強力な手段となります．複合体の結晶構造解析の手法の1つに，一方のタンパク質の結晶をあらかじめ作製しておき，もう一方のタンパク質由来のペプチド（数〜20アミノ酸程度）を含む溶液に結晶を浸して，ペプチドを結晶中に浸透させるソーキング（soaking）とよばれる手法があります（図2）．その際もpHが非常に重要であり，pHが変化するとせっかく得られていた結晶が溶けたり，壊れたりしてしまいます．ペプチドを含む溶液はpHが極端に酸性または塩基性に偏っていることがあり，注意が必要です．したがって，ペプチド溶液を調製する際には，結晶が得られた条件と同じ緩衝剤を用いて同程度のpHに調整しておくことがタンパク質とペプチドとの複合体の結晶構造解析には重要です．

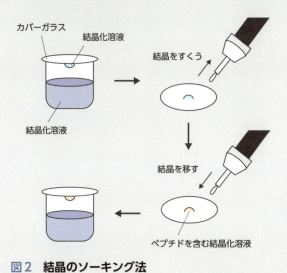

図2　結晶のソーキング法

タンパク質の声

pH 測ってみると あれ違う？

緩衝剤が入っていても，他の試薬によってpHが劇的に変化していることがあります．新しい溶液を調製する際には最後にpHを測定すると安心です．

参考文献

1) Good NE, et al：Biochemistry, 5：467-477, 1966
2) Gasteiger E, et al：Protein identification and analysis tools on the ExPASy server.「The Proteomics Protocols Handbook」（John M. Walker, ed），pp571-607, Humana Press, 2005.

第4章 精製でタンパク質を失っていませんか？

2 目的にあった溶液を選んでいますか？

Case

常識度 ★★★★★　　危険度 ★★★★☆

IさんはGSTタグが付加されたタンパク質の精製を何度もくり返し行ってきました．それゆえに，「僕はもうタンパク質精製を習得した」と豪語していました．ある日，Iさんは異なるタグが付加された別のタンパク質を精製することになりました．これまで何度も精製してきたGSTタグ付きのタンパク質の精製プロトコールを参考にして，タンパク質精製を試みました．大腸菌でのタンパク質発現は確認できたのですが，アフィニティークロマトグラフィー後の分画したサンプルには目的のタンパク質がほとんど含まれていませんでした．目的タンパク質はどこへ行ってしまったのでしょうか．

キーワード ▶ 緩衝剤，塩濃度，キレート剤，還元剤，界面活性剤

アフィニティークロマトグラフィーの注意点

　リコンビナントタンパク質の発現・精製において，ヘキサヒスチジン（His_6），グルタチオン S-トランスフェラーゼ（GST），マルトース結合タンパク質（MBP）などのポリペプチド鎖を目的タンパク質のN末端あるいはC末端に付加した融合タンパク質として発現させることがよくあります．容易に高純度なタンパク質を精製することができるためです．その際には，タグとして用いたポリペプチド鎖が特異的に結合する"アフィニティーカラム"を用いた精製が通常行われます（第4章-4）．アフィニティークロマトグラフィーに用いる溶液組成は何でもよいわけではありません．融合タンパク質をアフィニティーカラムに結合させた後，カラムから溶出するためには，それぞれの

アフィニティーカラムに応じた試薬が必要です．今回の場合，IさんはHis_6タグ融合タンパク質を精製しようと試みたのですが，GST融合タンパク質をアフィニティーカラムから溶出させるための試薬を用いてしまったのです．これでは，His_6タグ融合タンパク質はカラムから溶出されません．アフィニティーカラム精製を行う際には，適切な組合わせの「タグ」，「カラム」，「カラムから溶出するための試薬」を選択する必要があります．これ以降は，溶液に加える各種試薬の注意点を解説します．

緩衝剤

第4章-1でも紹介したように，タンパク質精製において緩衝剤の選択はタンパク質がきちんと精製できるかどうかの重要な要素の1つです．まず緩衝剤の選び方ですが，用いる緩衝剤の緩衝範囲が調製しようとしている溶液のpHをカバーしているかどうかを確認しましょう．次に，緩衝剤の種類についてですが，同じような緩衝範囲をもつ緩衝剤でも，種類によって性質や価格が異なります．大量に使用するなどの場合は，精製途中では安価なものを用いて，最終産物を溶解する溶液のみ高価な緩衝剤を用いる場合があります．

しかし，注意しなければならないのは，タンパク質によって禁物の緩衝剤がある場合です．先行研究で精製されたときの緩衝剤と緩衝範囲が同じだからといって別の緩衝剤を用いることによって，タンパク質がうまく精製できないなどの問題が起こる可能性があります．先行研究によってきちんと精製できている場合は，むやみに試薬の種類を変更するのは避けましょう．貴重な時間を無駄にしてしまうかもしれません．

塩濃度

タンパク質精製を行うにあたって，塩濃度の選択は簡単ではありません．一般的に，塩濃度が低ければイオン相互作用が増強され，高ければイオン相互作用が打ち消されます．逆に，塩濃度の増加は疎水性相互作用の増強を引き起こします．イオン相互作用や疎水性相互作用は，タンパク質間の相互作用にも重要であるとともに，タンパク質のフォールディングにも重要です．

したがって，夾雑物を除きたいからといってむやみに溶液の塩濃度を上昇させると，タンパク質のフォールディングが壊れてしまう場合があります．逆に塩濃度が低すぎる場合も，タンパク質間の相互作用が不適切になり，凝集して沈殿してしまうことがあります．

実際に，大腸菌を破砕してタンパク質をとり出す際に用いるバッファーの塩濃度は，300〜500 mM 程度から検討をはじめるのがよいでしょう．500 mM 程度の塩濃度の溶液を用いることで，タンパク質のフォールディングを維持しつつ，大腸菌由来のタンパク質や核酸などの夾雑物への非特異的な結合を減弱させることが期待できます．もちろん，タンパク質の性質によっては例外も多々あります．最終的には，生理条件に近い100〜300 mM 程度の塩濃度条件にして保存することが多いですが，これも目的タンパク質の性質によって適切な塩濃度が異なるため，自ら検討を行う必要があります．

コラム

アミンカップリング法

目的に合った溶液選びは，タンパク質精製においてだけでなく，精製したタンパク質を用いた生化学実験においても非常に重要です．1つ例をあげると，タンパク質間相互作用解析のために，ビーズを用いたプルダウンアッセイを行う際に，アミンカップリング法を用いてビーズにタンパク質を共有結合させる必要があります．アミンカップリング法は，一級アミンを介してタンパク質と担体（ビーズ）とを共有結合させる方法です．それゆえに，バッファーに一級アミンが含まれていると，バッファー成分がビーズに共有結合されてしまい，目的タンパク質のビーズへの共有結合が阻害されてしまいます．例えば一級アミンを含む緩衝剤として Tris があります．pH 7.5 付近でアミンカップリングを行う場合には，Tris ではなく，HEPES などの他の緩衝剤を用いましょう．また，バッファーにその他の一級アミンが含まれていないか確認することも忘れずに．

●タンパク質中のリジン残基
●Tris などの1級アミン

アミンカップリング法

キレート剤

　タンパク質の精製において，溶液にEDTAやEGTAといったキレート剤を入れることがあります．キレート剤は金属イオンをキレート（捕捉）します．キレート剤は論文におけるタンパク質精製のプロトコールによく登場しますが，何のためにバッファーにキレート剤を入れるのでしょうか？ タンパク質精製を行ううえで最も大敵なのは，タンパク質を分解するプロテアーゼです．プロテアーゼの多くは金属イオンと結合することでその活性を発揮します[1]．したがって，EDTAなどのキレート剤をバッファーに加えておくことで，プロテアーゼの機能を阻害することができるのです．このように，タンパク質精製において重要なキレート剤ですが，使用について注意すべき場合があります．例えば，His_6タグ融合タンパク質をNi–NTAアガローズビーズを用いて精製する際には，バッファーに1 mMより高濃度でEDTAを使用することは避けた方が良いでしょう．ビーズに結合したニッケルが捕捉されてしまい，His_6タグ融合タンパク質がビーズに結合できなくなってしまいます．

還元剤

　DTT（1,4-ジチオトレイトール），β-メルカプトエタノール，TCEPなどの還元剤はタンパク質の酸化防止の他に次の理由で溶液に加えます．それは，タンパク質間におけるジスルフィド結合の阻害です．還元剤を含まない溶液を用いた場合，タンパク質のシステイン残基が非特異的にジスルフィド結合を形成し，タンパク質が凝集・沈殿することがあります．適切な濃度の還元剤を加えることによって，タンパク質間の凝集を抑え，タンパク質精製を正しく遂行できる可能性が向上します．一方で，ジスルフィド結合がタンパク質のフォールディングに重要である場合もあるので，還元剤の種類と濃度はたいへん重要です．

界面活性剤

　生体内のタンパク質は，親水性アミノ酸残基を多く含むものや疎水性アミ

ノ酸残基を多く含むものなど多種多様です．親水性度の高いタンパク質と比較して，膜タンパク質などの疎水性度の高いタンパク質は，可溶性が低く，精製するのが困難です．このような可溶化しにくいタンパク質を可溶化させるために有効な試薬として界面活性剤があります．界面活性剤は親水性の部位と疎水性の炭化水素鎖から構成される両親媒性の分子です（図1）．界面活性剤は，ある一定濃度（臨界ミセル濃度）を超えるとミセル化します（図1）．図1のように，界面活性剤がミセル化することによって，ミセルの外側は親水性度が高くなり，内側は疎水性度が高くなります．そのような環境において，疎水性度の高いタンパク質はミセルの内側に取り込まれることによって安定化し，見かけ上可溶化する場合があります．しかし，界面活性剤の種類によって可溶化できるタンパク質は異なるため，さまざまな種類の界面活性剤の種類と濃度を検討する必要があります（図2）．まず重要なことは，界面活性剤の種類と性質（タンパク質構造の破壊・非破壊，臨界ミセル濃度，ミセルサイズなど）を理解することです．もし，目的のタンパク質と高いアミノ酸相同性あるいは類似構造をもつタンパク質の精製に，特定の界面活性剤

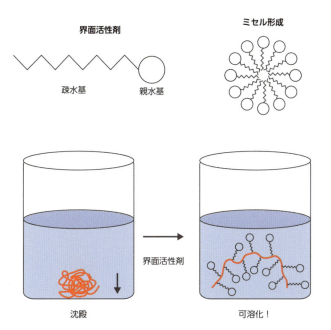

図1　界面活性剤によるタンパク質の可溶化

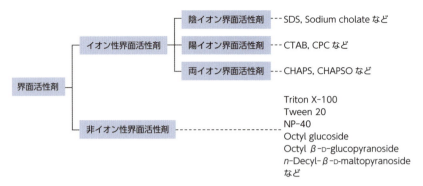

図2　界面活性剤の種類

が用いられていたら，その界面活性剤を試してみることをオススメします．また，タンパク質精製後に界面活性剤の除去を考えているのであれば，ミセルサイズを考慮して，除去方法を検討しましょう．

(堀越直樹)

> **タンパク質の声**
> ## 溶液の 組成選びは 慎重に
> タンパク質の性質，実験目的，実験系などに応じて，バッファー組成を慎重に検討しましょう．

参考文献
1) Heyda J, et al：Phys Chem Chem Phys, 11：7599-7604, 2009

第4章　精製でタンパク質を失っていませんか？

3 タンパク質が消えた！破砕は適切ですか？

Case

常識度 ★★★★☆　　危険度 ★★★★☆

はじめてタンパク質の精製を任されたGさん．今日から精製するタンパク質は，研究室の皆で共有して使用している可溶性のタンパク質．先輩が別の実験で忙しいので，「破砕は一人でできる？」と聞かれました．先月，先輩が同じタンパク質を精製するところを見学していたGさんは，「もちろん，任せてください！」と頼もしく答えました．Gさんは，目的タンパク質の収率をアップさせて先輩に自慢したいという野望を抱きます．「超音波は大腸菌を破砕するためなのだから，長くかければかけるほど大腸菌が確実に破砕されて，タンパク質の収率もよくなるだろう」．そんなことを考えながら，Gさんは菌体の懸濁液を超音波で破砕しはじめました．「大腸菌，壊れろ，壊れろ」と念じながら，長時間かけて，これでもかというほどに菌体を破砕しています．そこへ様子を見に来た先輩が，状況を見て声を荒らげました．「おいおい，それじゃタンパク質がダメになっちゃうよ！」

キーワード ▶ 破砕，超音波，ソニケーター，変性，分解

大腸菌の超音波破砕

　大腸菌内で発現させた目的タンパク質を回収するためには，まず大腸菌を破砕する必要があります．細胞壁をもつ大腸菌を破砕するためには，一般的に，超音波の剪断力によって細胞を破壊する方法がよく用いられます．ただし，超音波を発生させると媒質間で摩擦を生じるため，サンプル溶液内に熱

と気泡が発生することに注意が必要です．

　超音波破砕するためには，超音波発生機（ソニケーター）を使用します（図1）．ソニケーターは，図1のように防音ケースを設置することができますが，防音ケースを設置せずに使用している場合もあります．大音量の超音波は耳に悪影響ですので，防音ケースが設置されていない場合には必ず耳栓をつけて作業を行ってください．また，同じ部屋にいる同僚にも声をかけ，耳栓をしてもらいましょう．

　超音波は，図1のソニケーターのチップの先端から発生されます．チップの先端がほんの少ししかサンプル溶液に浸っていないと，超音波を発生させ

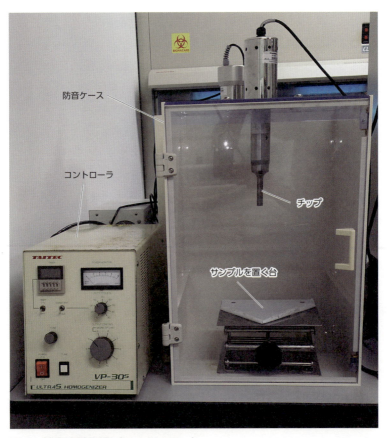

図1　超音波発生機（ソニケーター）
サンプル溶液に対するチップの位置を調節するために，チップを上下させるタイプとサンプルを置く台を上下させるタイプのセットアップがある．本セットアップは後者である．

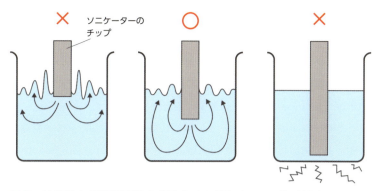

図2 効率的な超音波破砕を行うために適したチップの位置

たときに溶液の対流が効率的に起こらず，菌体が十分に破砕されません．また，逆にチップの先端がビーカーの底に接触したり非常に近接している状態で超音波を発生させると，超音波の衝撃でビーカーが割れてサンプルが漏出してしまうという悲劇が起こる場合があるので注意してください．チップは適切な高さにセットし（チップの大きさやサンプル量に依存する），対流が十分起こるように調節してください（図2）．目安は，超音波をかけたときに，上から見て液面が振動する様子がみえることです．

超音波破砕時に気をつけること

1 タンパク質の熱変性

超音波により熱が発生するため，菌体を超音波破砕するときには，サンプ

コラム1

リゾチームによる破砕

リゾチームは，細菌の細胞壁を構成する多糖類を加水分解する酵素です．1922年にAlexander Flemingによって発見され，細菌を溶解する（lysis）作用をもつ酵素（enzyme）という意味で，lysozyme（リゾチーム）と命名されました．このリゾチームを用いて大腸菌の細胞壁を破壊した後，界面活性剤によって細胞膜を破壊する，という手順で菌抽出液を調製する手法もあります．操作が簡便でソニケーターを必要とせず，小スケールのサンプル調製に向いています．この場合，添加したリゾチームが夾雑物となることに注意して，精製を行ってください．

ル溶液の温度上昇に気をつけなければなりません．なぜなら，温度上昇によって，せっかく発現させたタンパク質が熱変性してしまうからです．したがって，超音波破砕を行うときには，菌体の懸濁液を入れたビーカーを氷上に設置し，常に冷却した状態で超音波をかけることが重要です．また，超音波は連続照射ではなくパルス照射します．超音波を照射して氷上で静置，という作業を数サイクル以上行うことで，最初は粘性の高かった菌体の懸濁液が，超音波による菌体破砕とDNA切断によってサラサラになってきます．このような状態になれば，破砕は完了です．

　破砕を効率的に行うために，菌体の懸濁液を準備する際には，菌体濃度をあまり高くしすぎないように留意します．通常，菌体を遠心分離で集めた後，もともとの培養液の1/50から1/20の容量に相当するバッファーで菌体を再懸濁して破砕に備えます．筆者は普段，2 Lの培養液から回収した大腸菌の菌体を40 mL（1/50量）のバッファーで再懸濁しています．この懸濁液に超音波を40秒間パルス照射した後（超音波の照射時間は計20秒），氷上で1分間静置という操作を5～6サイクル行えば，菌体は十分に破砕されています．

　可溶性画分を回収して目的タンパク質を精製する場合，未破砕の菌体が残っていても，遠心分離で除去するので問題ありません．少しぐらいロスしても良いぐらいの大きな気持ちで破砕を行いましょう．最近では，熱の発生を抑えたソニケーターも市販されているようです．

2 プロテアーゼによる分解

　細胞を破砕すると，内在のプロテアーゼが大量に放出されます．したがって，目的タンパク質が分解されないよう，プロテアーゼの活性を阻害する必

コラム2

フレンチプレスによる破砕

フレンチプレスは，サンプルに高い圧力をかけて細胞を破砕するための機械です．細胞は，高圧から大気圧に急激に減圧されるときに破砕されます．フレンチプレスによる破砕では，熱や気泡の発生が少なく，目的タンパク質の熱変性や酸化を最小限に抑えることができます．また，10 mL程度の少量のサンプルから数L程度の大量のサンプルまで，幅広い容量のサンプルの破砕に適応しています．

表　プロテアーゼ阻害剤の種類とその特異性

プロテアーゼ阻害剤	阻害するプロテアーゼ
PMSF (phenylmethylsulfonyl fluoride)	セリンプロテアーゼ，システインプロテアーゼ
AEBSF (aminoethyl benzylsulfonyl fluoride)	セリンプロテアーゼ
Leupeptin	セリンプロテアーゼ，システインプロテアーゼ
Aprotinin	セリンプロテアーゼ
Pepstatin A	アスパラギン酸プロテアーゼ
Bestatin	アミノペプチダーゼ
EDTA，EGTA	メタロ（金属）プロテアーゼ

要があります．この点においても，サンプル溶液を氷で冷やし温度上昇を抑えることは重要です．多くのプロテアーゼは37℃付近で活性が最大となり，低温では活性が抑えられるためです．冒頭のCaseでは，長時間の超音波破砕による熱と放出されたプロテアーゼによって，タンパク質が分解されてしまう恐れがあります．

　プロテアーゼ阻害剤もよく使用されます．PMSF（phenylmethylsulfonyl fluoride）はセリンプロテアーゼやシステインプロテアーゼを不可逆的に不活化する阻害剤で，最も頻繁に使用されます．PMSFは短時間で加水分解されてしまうので，水溶液をストックとして保存してはいけません．代わりに，無水エタノールや2-プロパノールなどの有機溶媒に溶解して，0.1 Mのストック溶液をつくっておくと便利です．サンプル溶液には，破砕の直前に1 mM程度になるよう添加します．他にもいろいろなプロテアーゼ阻害剤がありますが，プロテアーゼ阻害剤はプロテアーゼに対する特異性があるため（表），何種類かのプロテアーゼ阻害剤を組合わせて使うとより効果的です．いろいろなプロテアーゼ阻害剤が入ったProtease Inhibitor Mixも各社から市販されています．

（小山昌子）

超音波　適度な破砕が　好みです

超音波のかけすぎはタンパク質の変性や分解につながる可能性があります．サンプルの温度上昇に気をつけて，適度な破砕を心がけましょう．

第4章　精製でタンパク質を失っていませんか？

4 いつも同じ精製プロトコール頼みになっていませんか？

Case

常識度 ★★★☆☆　　危険度 ★☆☆☆☆

Dさんは，新しくHisタグ付きタンパク質を精製することになりました．Hisタグでの精製は経験があったので，普段と同じように，菌体破砕後に遠心分離で夾雑物を除いた上清をNiカラムで精製してみましたが，ピークフラクションをSDS-PAGEで確認しても目的タンパク質が見当たりませんでした．どうしたらよいのでしょうか．

キーワード ▶ クロマトグラフィー，カラム

目的タンパク質の性質を知っていますか？

　精製したいタンパク質の性質によって，精製方法を変える必要があります．菌体破砕後に遠心分離をした段階で，可溶化していて上清に存在するタンパク質もあれば，不溶性の凝集体を形成して沈殿しているタンパク質もあります．それによって精製方法のステップが変わってきます．可溶化している場合，アフィニティータグを付加した融合タンパク質であれば，アフィニティー精製カラムを用いて精製することができます．アフィニティータグを付加していない場合でも，目的タンパク質がもつ電荷や分子量などの性質を利用して精製することができます．まずは自分が精製したいタンパク質の性質を見極めて，次に紹介する方法で実際に精製してみましょう．

回収するのは上清でよいのでしょうか？

　タグが付いた目的タンパク質を発現させた場合でも，菌体破砕後の遠心で

沈殿の画分に目的タンパク質があることがあります．うまくフォールディングができなかったり，疎水性の面で凝集体を形成してしまったりするためです．Ｄさんの目的タンパク質は，菌体破砕後の遠心で，沈殿の画分に集められていたのかもしれません．注意点や解決方法については，第4章-6で詳しく述べられているので，そちらを参照してください．

クロマトグラフィーによる精製法

　可溶化している目的タンパク質でも，その性質によってさまざまな精製法が用いられます．細胞または菌体を破砕するバッファー，カラムやビーズ担体，精製に必要なバッファー類など一通りセットになっている精製キットも多くのメーカーから販売されています．製品によっては，細胞や菌体および専用の発現ベクターなどもセットになっており，より簡単に精製できるようにつくられています．キット内に含まれているスピンカラムやビーズ担体もこの稿で述べたクロマトグラフィーの性質を利用していますので，参考にしてください．以下に代表的な精製法をあげます（表）．

1 アフィニティークロマトグラフィー

　目的タンパク質と特異的に相互作用する物質（リガンド）を結合させたカラム担体を用いることで，効率よく目的タンパク質を分離することができます．目的タンパク質そのものと特異的に相互作用するリガンド（抗体など）

表　**カラム選択ガイド**

カラムの種類	特徴	使用するタイミング
アフィニティーカラム	目的タンパク質にタグなど，カラム担体と相互作用する部位がある場合に使用する．	精製初期
弱イオン交換カラム ＊コラム1参照	●タンパク質がもつ電荷を利用して精製する． ●短時間で大量にサンプルを処理できるのが利点．	精製初期〜中期
強イオン交換カラム ＊コラム1参照	●タンパク質がもつ電荷を利用して精製する． ●分離能が高い．	精製中期〜後期
疎水性相互作用カラム	アミノ酸がもつ側鎖の性質を利用し，分子表面の疎水性の差で精製する．	精製初期〜中期
ゲル濾過カラム	タンパク質の分子量（見かけの大きさ）の違いによって精製する．	精製中期〜後期
塩析	タンパク質がもつ溶解度（水への溶けやすさ）の違いを利用して精製する．	精製初期

第4章　精製でタンパク質を失っていませんか？

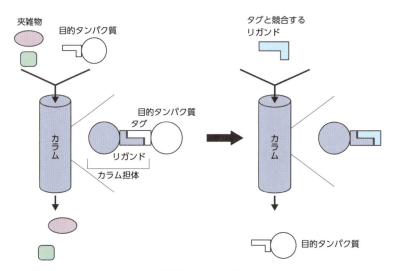

図1　アフィニティーカラム精製のイメージ

を用いて精製することもできますが，目的タンパク質のN末端やC末端にアフィニティータグを付加して発現させ，アフィニティータグとリガンドとの特異的な相互作用を利用する方法（アフィニティー精製法）は，簡便で汎用性が高いためよく用いられています．アフィニティータグとして広く知られているものには，Hisタグ，GSTタグ，MBPタグ，Strep(II)タグ，FLAGタグなどがあります．MBPはマルトース結合タンパク質の略称であり，MBPを付加することで目的タンパク質の可溶性を上昇させる効果もあります．それぞれのタグに対してニッケル（Ni）カラム，グルタチオンセファロースカラム，マルトースカラム，ストレプタクチンカラム，抗FLAG抗体カラムを使用することで，目的タンパク質と夾雑物を分離することができます．**第4章-5**にアフィニティータグとカラム担体の対応表があるので，こちらも参考にして下さい．アフィニティータグを付加した目的タンパク質をカラム担体に結合させた後，Hisタグはイミダゾールを，GSTタグは還元型グルタチオンを，MBPタグはマルトースを，Strep(II)タグはデスチオビオチンを，FLAGタグはFLAGペプチドを用いてサンプルを溶出させます（**図1**）．使用したタグを切断する場合の注意事項などは**第4章-5**で述べているのでそちらを参照してください．

2 疎水性相互作用クロマトグラフィー

　タンパク質は，さまざまなアミノ酸から構成されています．アミノ酸の側鎖には，親水性の性質をもつ側鎖と疎水性の性質をもつ側鎖があり，タンパク質によってアミノ酸の組成は異なります．疎水性相互作用クロマトグラフィーは，目的タンパク質と夾雑物を，分子表面の疎水性の違いによって分離する手法です．サンプルは高塩濃度の条件下で担体へ結合させ，塩濃度を低下させることで溶出させます．

3 イオン交換クロマトグラフィー

　タンパク質を構成するアミノ酸はさまざまな等電点をもつため，タンパク質表面はバッファーのpHによって異なる荷電状態をとることになります．イオン交換クロマトグラフィーでは，タンパク質の表面電荷の違いを利用し，目的タンパク質と逆の電荷をもつカラム担体に，静電相互作用により目的タンパク質を結合させます．目的タンパク質が正の電荷をもつ場合には，負に帯電しているカラム担体（陽イオン交換カラム）を，逆に負の電荷をもつ場合には正に帯電しているカラム担体（陰イオン交換カラム）を用います．目的タンパク質の等電点と同じpHのバッファーでは目的タンパク質は担体に結合しませんが，等電点より酸性側，塩基性側にpHをずらしたバッファーを用いることでタンパク質を荷電させ，陽イオン交換体，陰イオン交換体に結合させることができます．バッファーのpHと塩濃度をコントロールする

コラム1

イオン交換カラムの種類と用途

イオン交換クロマトグラフィーを行うためのカラムは，大きく以下の2種類に分けられます．

1. 分離能は多少悪いけれど，大量のサンプルを短時間に処理できる精製の初期段階向けのカラム．
2. 流速は出せないけれど，分離能が高い精製の中〜後期段階向けのカラム．

　精製の初期段階で分離能が高いカラムで分離できれば精製が楽かと思いきや，流速を上げるとカラムに圧がかかりすぎて，カラムの分離能を落とすことにつながります．また，サンプルをカラムに結合させるまでに時間がかかるので，その間に目的タンパク質が分解される恐れもありますので注意しましょう．精製の初期は何よりスピードが大切です．一刻も早く目的タンパク質が安定に存在できる環境をつくってあげる必要があります．

ことで，等電点の違いを利用して目的タンパク質と夾雑物を効率的に分離することができます．

ビーズ担体にイオン交換基がついているものが近年主流で，イオン交換基の強度によって分離の効果が変わってきます．そのため，精製初期に用いるものから，精製後期に用いる高分離能を有するものまで，さまざまな種類のカラムがあり，これらの中からサンプルの精製純度に応じて適したカラムを選ぶ必要があります．イオン交換基が担体に結合しているもの以外にも，リン酸基を付加したセルロース（陽イオン交換カラム）やヒドロキシアパタイト（陽イオン交換カラムに分類されるが，カルシウムとリン酸基の2種類の結合部位を有するため，通常の陽イオン交換担体とは分離能が異なる）などのカラムもあります．

4 ゲル濾過クロマトグラフィー

目的タンパク質と夾雑物を分子量の違いによって分画する手法です．カラム担体に数種類の小さな孔があり，その孔を通ることができる見かけの分子量が小さいものは，カラム内で寄り道をするため移動距離が長くなり，通過時間がかかります．一方，孔を通過しない見かけの分子量の大きなものは寄

コラム2

イオン交換クロマトグラフィーにおけるバッファーの条件

バッファーのpHは以下2点を念頭において決定します．
1. 目的タンパク質がカラム担体にしっかり結合すること（表面に電荷をきちんともつ）．
2. 目的タンパク質が活性を失っていないこと（条件によっては目的タンパク質が変性して沈殿することがある）．

また，切断したタグが夾雑物として残っている場合などで夾雑物の等電点がわかる場合には，バッファーのpHを，"目的タンパク質はカラムに結合するが夾雑物は結合しにくい条件（あるいはその逆）"に設定することで，目的タンパク質と夾雑物を分離

することもできます．また，バッファーのイオン強度は，カラム担体の電荷と拮抗するため，表面電荷が小さいタンパク質は容易に溶出されます．そのため，目的タンパク質をカラムに結合させるときや洗浄を行うときのバッファーの塩濃度を高くしておくことで，夾雑物の非特異的なカラムへの吸着を阻害することができます．カラム担体には，材質や交換基の組合わせが異なるさまざまなものがあり，それぞれに性質が異なりますが，どのイオン交換クロマトグラフィーカラムでもバッファー組成とイオン強度を検討することで効率的に精製することができます．

り道できないので早く溶出されます．タンパク質は，単体で存在する場合は，分子の質量数がそのまま見かけの分子量になります．しかし多くの場合，2量体や4量体といった多量体を形成して溶液中に存在するため，見かけの分子量は質量数の2倍や4倍といったように，会合状態に応じて大きくなります．ゲル濾過法は，目的タンパク質と夾雑物に2倍程度以上の見かけの分子量の差がある場合には非常に有効ですが，一般的に分離能がそれほど優れていないため，見かけの分子量の差が小さい場合にはピークが重なってしまいます．また，ゲル濾過カラムにはさまざまな種類の担体があり，担体の種類によって分子量の分画範囲が異なります．目的に合った分画範囲のカラムを使用することが大切です．

　ゲル濾過クロマトグラフィーにおいては，バッファーの粘性やサンプル量によって，流速をコントロールすることが大切です．適正流速より速い流速で流すと，ピークが広範囲に広がる「ブロードニング」を引き起こす原因になります．またサンプルの粘性が高い場合，ピークが尾を引いてだらだらサンプルが溶出される「テーリング」につながります．また，サンプル液量はカラム体積の5％以下が適正量と言われています．そのため，分画する際には濃縮してからサンプルをアプライする必要があります．また，精製量（量

コラム3

リニアグラジエント vs ステップグラジエント

イオン交換クロマトグラフィーやアフィニティークロマトグラフィーにおいて夾雑物と目的タンパク質を効率的に分離するためには，夾雑物の除去と目的タンパク質の溶出において使用するバッファーの条件（pH，塩濃度，およびリガンド濃度など）を検討する必要があります．

　カラムに流すバッファーの塩濃度やリガンド濃度を経時的に変える方法には，塩濃度やリガンド濃度を連続的に変化させるリニアグラジエント法と，段階的に変化させるステップワイズ法があります．はじめて精製するタンパク質の場合には，条件検討としてリニアグラジエント法が便利です．

しかし，リニアグラジエントでは夾雑物と目的タンパク質のピークが重なってしまうことがあります．そのようなときには，ステップグラジエントを試してみるとよいでしょう．

　夾雑物と目的タンパク質が溶出されるバッファー条件が少しでも異なるのであれば，夾雑物は溶出されるが目的タンパク質は溶出されない（あるいはその逆の）条件のバッファーでカラムを十分に洗浄（目的タンパク質を溶出）し，その後バッファー条件を変えて目的タンパク質を溶出（夾雑物を溶出）すれば，目的タンパク質の精製度を上げることができます．

や濃度）によって，カラムのサイズを変える必要があります．粘性が高かっ
たり，サンプル量が多かったりする場合にはピークのブロードニングにつな
がり分離能が最大限に生かされません．精製ではなく，分析にゲル濾過カラ
ムを利用する場合にも，これらのことを気にする必要があります．ただし，
サンプル溶液の脱塩やバッファー交換が目的の場合には，カラム体積の30％
ほどの液量まで利用できます．

　目的タンパク質の性質によっては，カラム担体とタンパク質との間で静電
相互作用や疎水性相互作用による結合が生じ，目的タンパク質がカラム担体
に吸着してしまうことがあります．多くの場合，バッファーに50 mM以上
の塩（塩濃度の上限については，カラムの説明書を読んでください）を加え
ることで，カラム担体への吸着を防ぐことができます．それでも吸着してし
まう場合には，0.4 M程度のアルギニン塩酸塩をバッファーに加えることも
有効です．

　ゲル濾過カラムは，カラム担体が充填された状態で市販されているプレパッ
クカラムを購入することができますが，自分でカラムを充填することもでき
ます．その際，担体をカラム内に均一かつ最密に充填することが，分離能の
よいゲル濾過カラムを作製するために重要です．自分でカラムを充填する場
合には，使用前に一度分子量マーカーを流して，マーカータンパク質を正し
く分離できることやその際に得られるピークが左右対称であることを確認し
てから使うとよいでしょう．

5 硫安分画

　硫酸アンモニウム（硫安）などの塩類を高塩濃度にすることで，タンパク
質の溶解度を低下させ，沈殿させることができます．この方法を塩析と言い
ます．硫安は安価で溶解度が高く，またタンパク質が変性しにくいなどの利
点が多いことから，塩析の際によく用いられます．硫安を用いた塩析を特に
硫安沈殿とよびます．

　サンプルにごく少量ずつ塩を加えていくと，徐々に白濁していきます．こ
のような状態でサンプルを遠心分離すると，溶解度が低いタンパク質は沈殿
となり，溶解度が高いタンパク質は上清に残ります．溶解度はタンパク質に
よって異なるため，使用する硫安の濃度を変えることで，目的タンパク質と

夾雑物を分画することができます．しかし，本法では夾雑物を完全に除去することは困難であるため，他の精製法と併用して用いるのが一般的です．

目的タンパク質に合わせた精製法の選び方は図2にまとめておりますので，参考にして下さい．

精製の精度を上げるには…

各カラム担体の特徴を踏まえたうえで，精製をはじめていきます．

大腸菌を破砕すると，大腸菌由来のプロテアーゼが大量に放出され，目的タンパク質は大量のプロテアーゼにさらされます．菌体破砕後すぐに初期精製をはじめることで，目的タンパク質がプロテアーゼによって分解されてしまうのを防ぐことが重要です．目的タンパク質が部分的に分解されると，目的タンパク質と分解物との性質が似ているので，すべてのステップで同様に精製され，後々までサンプル内に残った挙句，活性の邪魔になることもあり

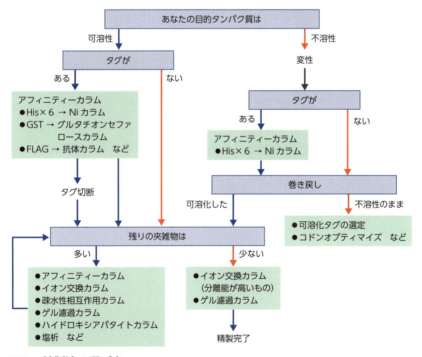

図2 **精製法の選び方**

えます．一般的にサンプル容量が多い初期精製では，精製のスピードが重要になってきます．精製初期段階では，目的タンパク質をすばやくより安定な条件下に存在させることを重点的に考えます．菌体由来のタンパク質が含まれているので，高濃度かつ大量のサンプルを一度に処理できるようなアフィニティーカラムや硫安沈殿のような方法がおすすめです．

精製過程の中期からは，サンプル純度について考えていきます．イオン交換クロマトグラフィーや疎水性相互作用などを用いて，純度を高めていきます．純度を求める際，使うカラムの種類や回数を増やせば単純に純度は上がりますが，一方で収量が下がってしまうため効率よく回収できるように系を立ち上げましょう．また，いたずらにカラムのステップを増やすことは，目的タンパク質の失活も引き起こす可能性があります．カラムを選択するには，目的タンパク質の性質をよく知ることが大切です．

最終精製としてイオン交換クロマトグラフィーやゲル濾過クロマトグラフィーが使用されることが多いです．上手に複数の手法を組合わせることで，より純度の高い目的タンパク質を得ることができます．

次の節から，精製の実例を見てみましょう．

（飯倉ゆかり）

どれ試す？ もっときれいに なりたいな

夾雑タンパク質と目的タンパク質が，どのカラムで分離できるかはとにかく試してみることが大切です．一度利用した担体とは異なる性質の担体を利用することで，効率よく精製を進めましょう．

参考ウェブサイト

1）CHTセラミックハイドロキシアパタイトおよび結晶性ハイドロキシアパタイト（バイオ・ラッドラボラトリーズ社）http://www.bio-rad.com/ja-jp/category/cht-ceramic-hydroxyapatite-crystalline-hydroxyapatite-resins?ID=1d5f6d4f-4485-4bb1-87f6-c1cd1303c076
2）Pure Protein Club. http://www.gelifesciences.co.jp/newsletter/pure_protein/
3）液体クロマトグラフィーレジンセレクションガイド．https://www.gelifesciences.co.jp/technologies/pdf/liquid_chromato_resin_selectionbook.pdf

第4章　精製でタンパク質を失っていませんか？

5 タンパク質のタグ，大差ないと思っていませんか？

Case

常識度 ★★★★☆　　危険度 ★★★★☆

大学生のIさんはクローニングしたタンパク質を精製することにしました．目的遺伝子をコードするプラスミドを大腸菌に導入して培養した後，目的遺伝子の発現をSDS-PAGEで確認しました．しかし，大腸菌由来の夾雑物が大量に混ざっており，これからどのように精製していくべきかわかりません．先輩に相談したところ，「タンパク質にどんなタグをつけている？」と質問されました．Iさんはタグとは何かを知らず，慌てて調べはじめました．

キーワード ▶ タグ，プロテアーゼ

タンパク質のタグ，どのように選ぶとよいのでしょうか？

　タグとは，標的タンパク質のN末端もしくはC末端領域に融合する特定の配列のポリペプチドやタンパク質を指します．特定の物質（金属イオンやタンパク質など）と特異的に結合する性質をもつタグを標的タンパク質に融合させることで，タグと特異的に結合する物質を架橋した担体を用いて，標的タンパク質を高純度に精製することが可能になります．有名なタグとして，ヘキサヒスチジン（His_6）タグ，グルタチオン S-トランスフェラーゼ（GST）タグ，FLAGタグ，ヘマグルチニン（HA）タグなどがあります．これらのタグを切断する必要がある場合には，タグと目的タンパク質の間にプロテアーゼの切断配列を挿入しておきます．市販されているさまざまなタンパク質発現用ベクターには，もともとタグが付加されているものが多いため，購入前に確認しましょう．以降，よく用いられるタグの特徴について解説していきます（表1）．

表1 アフィニティータグの性質

タグ	分子量（kDa）	担体	結合特異性	変性条件下での精製
His$_6$	0.8	Ni-NTAビーズ	低い	可
GST	26	GS4Bビーズ	高い	不可
FLAG	1	anti-FLAG mAbビーズ	高い（抗体に依存）	不可
HA	1.3	anti-HA mAbビーズ	高い（抗体に依存）	不可
Strep（Ⅱ）	1.1	Strep-Tactinビーズ	高い	不可

1 ヘキサヒスチジン（His$_6$）タグ

His$_6$タグは，ヒスチジンが6つ連続した配列のタグです．担体としてNiイオンが配位結合しているNi-NTA（ニトリロアセティックアシド）や，Ni-IDA（イミノジアセティックアシド）を用います．His$_6$タグを用いた精製では，ヒスチジン中のイミダゾール環がNiイオンと配位結合する性質を利用して，His$_6$タグ融合タンパク質をビーズにトラップして精製を行います．溶出には，イミダゾールによる競合溶出が用いられる場合が多いです．His$_6$タグの利点として，変性条件下での使用ができること，タグの大きさが小さいことなどがあげられます．変性条件下での使用ができるので，目的タンパク質が不溶性画分に存在する場合にも精製が可能です．また，タグが小さいため，タンパク質の立体構造に与える影響を小さく抑えることが可能です．担体の価格が比較的安く，可溶性画分と不溶性画分のどちらからも精製可能であることから，最初に検討すべきタグの1つと言えます．ただし，Niイオンを担体から奪うEDTAのようなキレート剤に注意する必要があります．

2 グルタチオン S-トランスフェラーゼ（glutathione S-transferase）タグ

グルタチオン S-トランスフェラーゼ（GST）は，分子量およそ26 kDaのタンパク質です．GSTが還元型グルタチオン（GSH）と特異的に結合する性質を利用して精製を行います．担体として，GEヘルスケア社から販売されているGS4B（glutathione sepharose 4B）が用いられることが多いです．溶出には，20 mM程度の還元型GSHを用います．利点として，特異性が高く，標的タンパク質を高純度に精製できるということがあげられます．一方で，分子量が大きいために標的タンパク質の構造に与える影響が大きいというこ

と，GSTが2量体を形成する性質があるということには注意する必要があります．また，GST自身が構造をもつタンパク質であり，変性条件下においては構造が保たれないためGSTを利用したアフィニティー精製を利用することはできません．

③ その他のタグ

その他のタグとして，HAタグや，FLAGタグ，Strep（Ⅱ）タグなどがあります．これらのタグを用いた精製には，抗体が架橋されたビーズや，タグに特異的に結合するタンパク質が架橋されたビーズを用います．ビーズの価格や，ビーズから溶出する際に用いる試薬が高いという欠点がありますが，結合反応の特異性が高いため，高純度に精製できるという利点があります．

④ ダブルタグ

ダブルタグは，簡便に高純度な精製を行うために有効な方法です．末端に2つのタグを連続して付加するタンデムタグ〔TAPタグ（tandem affinity purification tag）とよばれている〕や，N末端とC末端に別々のタグを付加するような両側タグなどがあります．タンデムタグを用いた精製法では，片側に2つのタグを付加し，2種類のアフィニティーカラムを通します．1種類のカラムでは純度が上がらない場合に有効です．両側タグでは，N末端およびC末端にタグを付加する必要がありますが，精製過程において激しく分解を受けるタンパク質を完全長で精製できるという利点があります．N末端のタグを用いて精製したサンプルにはC末端側が分解を受けた画分が含まれていますが，さらにC末端側のタグを用いて精製を行うことで，C末端が分解を受けなかった画分，つまり完全長のタンパク質を取得することができます．

タグを切断するプロテアーゼの選び方

タグを用いて目的タンパク質を精製した後には，一般的にタグ切除を行います．タグが付加されていることで，酵素などの活性をはじめとする生化学的性質や，タンパク質の構造に影響を与える可能性があるためです．精製した標的タンパク質からタグを切断する際には，プロテアーゼを用います．一

表2　プロテアーゼの特徴

プロテアーゼ	認識配列	切断特異性
Thrombin	L–V–P–R↓G–S 他	低い
HRV 3C	L–E–V–L–F–Q↓G–P	高い
TEV	E–N–L–Y–F–Q↓(G/S)	高い
FactorXa	I–(E/D)–G–R↓	低い
Enterokinase	D–D–D–D–K↓	低い

般に使用されているプロテアーゼには，Thrombin, HRV 3C, TEV, Factor Xa, Enterokinase などがあります．これらのプロテアーゼにはそれぞれ以下に紹介するような特徴があり，標的タンパク質との相性や，使用目的，精製過程の溶液条件に合わせて使い分ける必要があります（表2）．特に，**標的タンパク質中のプロテアーゼ認識配列の有無については，必ず事前に確認しておく必要があります**．

1 Thrombin

Thrombin は，最も頻繁に使用されているプロテアーゼです．主な認識配列は，L–V–P–R↓G–S です．4℃から25℃の温度条件にて，使用されることが多いです．一般にウシ血漿から精製されたものが市販されており，安価なプロテアーゼです．ただし，さまざまなメーカーから市販されているものの，精製度がメーカーによって異なる場合があるので注意が必要です．また，HRV 3CやTEVと比較して切断特異性が低いという欠点があるため，事前に反応温度や，プロテアーゼの濃度などの条件検討をするとよいでしょう．

2 HRV 3C プロテアーゼ

HRV 3C（human rhinovirus 3C）は，頻繁に使用されているプロテアーゼの1つです．GST タグが付加された HRV 3C が PreScission として販売されています．切断配列は，L–E–V–L–F–Q↓G–P です．4℃でも十分な切断活性を有するため，穏やかな条件下でタグを切断することができます．特に，認識配列が長く特異性が高いため，非特異的な切断がとても少ないという大きな利点があります．

3 TEVプロテアーゼ

TEV (Tobacco Etch Virus) プロテアーゼは，高い切断特異性をもつプロテアーゼです．認識配列は，E–N–L–Y–F–Q↓(G/S) です．一般的な反応温度は，4℃から30℃です．幅広い溶液条件下で使用できることが知られており，汎用性の高いプロテアーゼと言えます．

4 Factor Xa

Factor Xa の認識配列は，I–(E/D)–G–R↓です．標的タンパク質のN末端に切断認識配列を付加した場合に，タグの切断後に目的タンパク質のN末端にプロテアーゼ認識配列が残らないという利点があります．しかし，特異性が低いという欠点があります．Factor Xa は，ジスルフィド結合により2つのsubunitが結合した複合体であるため，切断反応の溶液に還元剤が含まれていると，活性が低下する点に注意する必要があります．また，切断反応には，カルシウムイオンを必要とします．そのため，EDTAのようなキレート剤存在下では活性が低下するので注意が必要です．4℃から25℃で使用されることが多いです．

5 Enterokinase

Enterokinase は，Factor Xa と同様に，標的タンパク質のN末端にプロテアーゼ認識配列を付加した場合に，認識配列が残らないという特徴があります．認識配列は，D–D–D–D–K↓ですが，Kの次がPの場合は切断しません．Enterokinase は，2つのサブユニットからなるプロテアーゼですが，一般には活性サブユニットである light chain のみの状態で用いられています．Light chain内にはジスルフィド結合が形成されているため，反応溶液中に還元剤が含まれていると活性が低下することがあります．FLAGタグの配列 (DYKDDDDK) には，enterokinase の配列が含まれており，本酵素を用いることで目的タンパク質からFLAGタグを除去することができます．25℃で使用されることが多いです．

タグを使用しない場合

　タグを使用しない場合，精製には標的タンパク質の性質をよく理解してカラムを選択する必要があります．例えば，塩基性のタンパク質であれば陽イオン交換カラム，酸性タンパク質であれば陰イオン交換カラム，DNA結合タンパク質であればリン酸セルロースやヘパリンセファロースカラムなどを選択すると効果的です．標的タンパク質が，リン酸カルシウムなどの特定の物質に結合をする性質がある場合には，ヒドロキシアパタイトカラムなどが有効です．タグを使用しないことで，末端にタグを切断ためのプロテアーゼ認識配列が残らないため，末端が機能に重要なタンパク質では有効な方法と言えます．しかし，タグを用いない精製の場合，夾雑物との分離が難しく，精製過程が長くなるためにタンパク質の失活の可能性が高くなることや，精製の純度が上がらないことが注意点です．

（鯨井智也）

> **タンパク質の声**
>
> ## タグ選び　よく考えて　決めましょう
>
> タグとプロテアーゼの選択は，精製を成功させるための非常に重要なポイントです．

参考文献

1 ）Waugh DS：Protein Expr Purif, 80：283–293, 2011
2 ）Zhao X, et al：J Anal Methods Chem, 2013：581093, 2013

第4章　精製でタンパク質を失っていませんか？

6 不溶性画分のタンパク質，あきらめていませんか？

Case

常識度 ★★☆☆☆　　危険度 ★★★☆☆

さまざまな性質のタンパク質の精製に慣れて自信がついてきたBさん，今回は新しいタンパク質の精製にチャレンジしようとしています．まずは小スケールで発現チェック．はじめてのタンパク質なので，Bさんも張り切ってHis-タグ，GST-タグ，His-SUMO-タグ，MBP-タグ，と思い付くいろいろなタグを試してみました．「培養温度や培養時間もいろいろ振ったし，やれることはやった．さて，どの条件で一番たくさん発現するかな？」今夜の美味しいお酒を頭の片隅に思い浮かべながら，ワクワクする気持ちで発現チェックのゲルを覗き込むBさん．ところが，「あれ，どの条件でも不溶性画分に行ってしまっていて，水溶性画分に目的タンパク質がない！」．これでは目的タンパク質を精製できないとBさんはうなだれます．今夜はやけ酒確定か．そんなBさんを見つけてY先輩が語りかけました．「とっておきの方法があるんだよ」

キーワード ▶ **不溶性タンパク質**，変性，可溶化，リフォールディング

発現したタンパク質が不溶性になるのを防ぐ方法

　遺伝子組換え技術により大腸菌内で大量に発現させたタンパク質は，その性質によっては，大腸菌内で不溶性の凝集体（封入体ともよばれる）を形成してしまうことがあります．これは，発現したタンパク質の立体構造形成が不完全で，表面に露出した疎水性のアミノ酸同士で無秩序に凝集してしまうために起こります．このような場合の対処法として，分子シャペロンや相互

作用タンパク質との共発現による目的タンパク質の安定化や，大腸菌宿主株の検討（第3章-4），大腸菌以外の発現系（酵母，昆虫細胞，培養細胞，カイコ，無細胞発現系など）の検討などがあげられます．しかし，以下のように目的タンパク質を変性剤によって不溶性画分から抽出し回収するのも，よく用いられる有効な手段であり，CaseのBさんにも試してもらいたいところです．

不溶性画分からのタンパク質精製

1 変性剤（塩酸グアニジンと尿素）

不溶性タンパク質を可溶化させるための変性剤として最も一般的に用いられるのは，塩酸グアニジンと尿素です．変性作用は，塩酸グアニジンの方が尿素よりも2倍ほど強いとされています．また，尿素はシアン酸を生じてタンパク質を化学修飾（カルバモイル化）する可能性があるため，尿素を含むバッファーは，使用前にイオン交換樹脂を入れて1時間程度撹拌し，不純物をとり除いておく必要があります．また，塩酸グアニジンを含むサンプルに関しては，SDS-PAGEを行うと泳動が乱れるため，注意して下さい．

尿素と塩酸グアニジンは，いずれもタンパク質の疎水性部分に結合するとともにペプチド結合やアミノ酸側鎖と水素結合を形成することによって，タンパク質同士を引き剥がし，タンパク質を1分子ずつバラバラの状態にして，凝集体から可溶化させることができます．ただし，このとき同時に，タンパク質の立体構造も壊されてしまいます．

2 アフィニティータグの選択

タンパク質を変性状態でアフィニティー精製する際には，His-タグが頻繁に使用されています．His-タグはそもそも立体構造をもたず，変性条件下においてもNiイオンと結合できるためです（第4章-5）．それに対して，GST-タグやMBP-タグは，リガンドと結合するために正しく立体構造を形成する必要があるため，変性条件下でのアフィニティー精製には使用することができません．

❸ 不溶性タンパク質の可溶化

封入体を形成したタンパク質を十分に可溶化するためには，一般に8Mの尿素または6Mの塩酸グアニジンを使用します．まず，変性剤を含まないバッファーで菌体を懸濁し，超音波破砕します（第4章-3）．可溶性画分から精製する場合とは異なり，菌体を完全に超音波破砕することが重要です．遠心分離で得られた沈殿（封入体）を，低濃度の変性剤（0.5～1M）を含むバッファーで洗浄します．この作業により，封入体に混入したプロテアーゼなどの夾雑物を除去できます．これを遠心分離して得られた沈殿を，高濃度の変性剤（6～8M）を含むバッファーで懸濁します．このとき，スパチュラなどを用いて沈殿を少しずつよく懸濁することがポイントです．この懸濁液を超音波破砕することにより，さらによく懸濁します．室温で数時間あるいは4℃で一晩インキュベートすることにより，タンパク質を封入体から可溶化させることができます．

その後の精製については，非変性条件下でのHis-タグを用いたアフィニティー精製と同様の方法で行います（第4章-4）．ただし，バッファーにはいずれも変性剤（8Mの尿素または6Mの塩酸グアニジン）を添加しておきます．

変性タンパク質のリフォールディング

変性条件下で精製したタンパク質は立体構造をもたないので，そのままの状態では当然酵素活性などタンパク質固有の機能をもちません．そのため，変性剤を除去することにより，タンパク質を正しい立体構造に巻き戻す（リフォールディング）必要があります．リフォールディングの手法にはいくつかあり，どの手法が適しているかは，扱うタンパク質の性質によって異なります．以下の方法を試し，あなたのタンパク質に適したリフォールディング方法を模索してください．

❶ 透析によるリフォールディング

最も一般的で簡便な手法は，透析によりサンプルに含まれる変性剤濃度を徐々に低下させる方法です．例えば，目的タンパク質が8Mの変性剤を含む

バッファーに溶解している場合，6 M→4 M→2 M→0 M という具合に透析外液に含まれる変性剤濃度を徐々に低下させる方法が一般的です．最初から変性剤を含まないバッファーに透析してうまくいく場合もあります．

　透析でリフォールディングする場合には，サンプル量がほとんど変化しないのが利点です（後述のとおり，希釈法ではサンプル量が20〜100倍にまで増加します）．しかし，透析時のサンプル濃度が高すぎると目的タンパク質が凝集してしまい，リフォールディングの効率が悪くなることがあります．その場合には，サンプル濃度を低くすることにより解決することもあります．

　ただし結局のところ，透析法によるリフォールディングでは，目的タンパク質が比較的濃度の高い状態で変性剤が徐々に除去されるため，リフォールディング中間体同士が凝集してしまいやすいと考えられています．このように，透析法でうまくいかない場合には，後述の希釈法によるリフォールディングを試みることをお勧めします．

2 希釈によるリフォールディング

　希釈法は，変性剤を含まない大量のバッファー（サンプルの20〜100倍容量）にサンプル溶液を少量ずつ滴下して，目的タンパク質をリフォールディングさせる手法です．サンプルを滴下する際は，バッファーをスターラーで撹拌しながら行います．この方法では，滴下されたサンプル溶液が瞬時に大量のバッファー内に拡散するため，目的タンパク質は希釈状態で一気にリフォールディングします．このため，透析法の場合のようにリフォールディング中間体どうしが凝集するということが起こりにくく，透析法よりもマイルドなリフォールディング方法であるとされています．ただし，この方法ではサンプル溶液の量が20〜100倍にまで増加してしまうため，リフォールディング後にサンプルを濃縮する必要があります．

　バッファーのpHや塩濃度，温度は，リフォールディング効率に影響を与えるので，うまくいかない場合には検討が必要です．また，滴下前のサンプル濃度が高すぎると，滴下時にサンプルの希釈が瞬時に起こらず，リフォールディング中間体同士が凝集してしまうため，その場合には滴下前のサンプルを希釈する必要があります．

3 アルギニンなどの添加剤

　目的タンパク質をリフォールディングするとどうしても凝集してしまう場合，透析や希釈に使用するバッファーに 0.4 M の L-アルギニンを加えることにより，目的タンパク質のリフォールディング効率を上げることができる場合があります．L-アルギニンは，塩酸グアニジンと同様のグアニジノ基をもつため，タンパク質と疎水性相互作用および水素結合を形成しますが，変性させるほどの作用はなく，タンパク質のリフォールディング中間体の溶解度を高めることによりリフォールディング効率を上げると考えられています．

（小山昌子）

タンパク質の声

ここにいる わたしを不要（不溶）と捨てないで

たとえ不溶性画分であっても，せっかく目的タンパク質が発現しているのなら，見捨てずに一度トライしてみては？

第4章 精製でタンパク質を失っていませんか？

7 そのカラム，ダメになっていませんか？

Case

常識度 ★★☆☆☆　危険度 ★★★★★

大学生のEさんは，精製しなれているタンパク質を，いつもと同様にMonoSカラムに吸着させていたところ，流速は一定なのにもかかわらず圧力が一定にならなくなりました．Eさんはそのまま吸着を続けていたところ，通りかかった先輩から，「何をしているんだ！」と注意を受けました．カラムに何が起きているのでしょうか？

キーワード▶カラム，メンテナンス，不調

カラムに発生する不調とその原因

　カラムはさまざまな要因で不調をきたします．不調とは，①クロマトグラムが再現しない，②圧力が以前に比べて高い，③圧力が一定にならない，④サンプルのカラムへの結合量が減少した，⑤カラムの樹脂が減っている，などがあげられます．それらの原因として，(1) カラムに空気が入っている，(2) フィルターが汚れている，(3) レジンに汚れが蓄積している，(4) 最大圧力，最大流速を超えた，(5) レジンの性質上不適切な化学物質を含む溶液を使用した，(6) レジンが漏れている，などがあります．再現性よく精製を行うには，カラムを適切に扱う必要があります．カラムには，ゲル濾過クロマトグラフィー，イオン交換クロマトグラフィー，アフィニティークロマトグラフィーなどの各種クロマトグラフィーに適したものが用意されており，それぞれに適切なメンテナンス法があります．また，使用前に必ず最大圧力，最大流速を確認してください．カラムの定期的なメンテナンスも重要です．適切な使用とメンテナンスにより，カラムの寿命が伸び，再現性よく実験を

行うことができます．本稿では，一般的なカラムの不調とその原因について述べます．

カラムに起こりやすい不調

ここでは，カラムの不調とその原因の対応関係を解説します．また，原因の解消については次の項目で述べます．

1 クロマトグラムが再現しない

少々分離が悪くなったという場合には，原因として，"カラムに空気が混入した"，"フィルターが汚れている"，"レジンに汚れが蓄積している"などの「病気」が考えられます．以前と全く異なるクロマトグラムになった場合には，"カラムの最大圧力，最大流速を超えた"，"レジンが化学耐性を示せない溶液を使用した"などの「怪我」が考えられます．

2 圧力が以前に比べて高い

原因として，"フィルターが汚れている"，"レジンに汚れが蓄積している"などが考えられます．全く送液できなくなったときには，"レジンが漏れた"可能性が考えられます．

3 圧力が一定にならない

原因として，"カラムに空気が入っている"が考えられます．

4 サンプルのカラムの結合量が減少した

原因として，"レジンに汚れが蓄積している"が考えられます．

5 カラムの樹脂が減っている

原因として，"最大圧力，最大流速を超えた"，"レジンが漏れた"が考えられます．

原因

1 カラムに空気が入っている

　カラムに空気が入っている場合，圧力が一定にならないことや，サンプルの分離が悪くなることがあります．特に，大量の空気が入ってしまうと，レジンが乾燥しカラムの寿命が大幅に縮んでしまう可能性があります．日常的な作業のなかで起こりやすいので，常にカラムに空気を入れないよう注意しましょう．空気が入ってしまった場合には，逆向きに送液したり，カラムのキャップを外して溶液を満たすことで空気を抜きます．空気抜きの後には，以前と同様な分離が確保されているかどうかを確認するようにしましょう．

2 フィルターが汚れている

　フィルターは，カラムの上部に設置されており，サンプルがカラムに入って最初に通過するものです．フィルターの汚れにより，分離が悪くなることや，圧力が高くなることがあります．フィルターが汚れる原因として，サンプルやランニング溶液（溶出のための溶液）中に含まれていた小さなホコリなどの堆積があげられます．それを避けるため，必ずサンプルやランニング溶液に含まれるホコリやアグリゲーションを除去しましょう．カラム上部に設置されたフィルターの交換は，メーカーが公表している方法で行う必要がありますので，必ず確認しましょう．

3 レジンに汚れが蓄積している

　洗浄の際に落としきれなかった汚れがレジンに残り，蓄積していることがあります．レジンの汚れの蓄積は，サンプルの吸着量の減少や，分離能の低下を引き起こします．レジンの汚れは，レジンの色が変化した場合や，分離が悪い場合，サンプルの吸着が悪い場合に疑います．このような場合には，カラムを強力に洗浄する必要があります．カラムの洗浄法は，各種メーカーによって指定されていますので，メーカー指定の方法に準じて行うようにしましょう．

図 潰れてしまったカラム
カラムの最大圧力または流速を超えたためにレジンが潰れてしまい，キャップの直下にレジンが詰まっていない領域（矢印，白いレジンが詰まっていない）があることがわかる．このような場合，サンプル溶液がレジンに到達する前に滞留し，分離が悪くなる．

4 最大圧力，最大流速を超えた

　カラムには，最大流速，最大圧力が決まっています．最大の値を超えてしまった場合，レジンが潰れたり，カラムが破損したりすることがあります．レジンが潰れたときには，カラムのレジン量が減っているように見え（図），分離が悪くなります．特に，ゲル濾過クロマトグラフィーではレジンが潰れてしまうと分離能に大きな悪影響が出ますので，その場合はカラムの新調を検討しましょう．

5 レジンが化学耐性を示さない溶液を使用した

　レジンによって使用できる溶液が異なります．使用できる溶液の種類については，一般にレジンの使用説明書の化学物質耐性の箇所に記されていますので，必ず確認しておきましょう．化学耐性以外の溶液の使用により，予期しない不調をきたす可能性があるので注意が必要です．また，カラムを使用した後には，カラムに定められている溶液に置換するようにしましょう．特に高塩濃度の溶液のまま放置すると，塩が析出してレジンが壊れてしまうことがありますので注意が必要です．

6 レジンが漏れている

　長い期間の使用で，カラムから少しずつレジンが漏れることがあります．これは，カラムのネット（カラムの下部でレジンの漏れを防いでいるパーツ）などの部品の劣化により生じます．メーカーの指示に従い，ネットなどの部品の交換を行いましょう．また，レジンが漏れることで，クロマトグラフィーシステムの流路が詰まってしまうことがあるので注意しましょう．

（鯨井智也）

タンパク質の声

カラムさん 恋人気分で 扱います

カラムを使用する際には，普段と様子が変わっていないかどうかを確認し，定期的なメンテナンスを行いましょう．

第4章 精製でタンパク質を失っていませんか？

8 タンパク質の吸光度は一定だと思っていませんか？

Case

常識度 ★★★★★　**危険度** ★★☆☆☆

ある日，Jさんは数種類のタンパク質の精製が完了したので，濃度測定を行うことにしました．そこで，研究室に置いてある吸光光度計を用いて，280 nmの波長での吸光度を測定し，吸光光度計が自動で計算した値をそれらのタンパク質の濃度として，以降の実験を行いました．しかし，数種類のタンパク質間で実験結果の相関がみられません．確認のために，吸光光度計が算出した値をもとに各タンパク質の濃度を揃えてSDS-PAGEによって解析してみると，各タンパク質のバンドの強度がバラバラになっていました．きちんと濃度を測ったはずなのに，なぜこのような問題が起こってしまったのでしょうか．

キーワード ▶ 吸光係数，芳香族アミノ酸

紫外吸収法による濃度測定

　吸光光度計のなかには，波長280 nmの吸光度1＝1 mg/mLとしてタンパク質の濃度を自動的に算出するものがあります．CaseのJさんは表示された濃度をそのまま鵜呑みにしてしまったため，各タンパク質間での濃度のばらつきが起こってしまいました．タンパク質を構成するアミノ酸の種類によって，そのタンパク質の吸光の具合は大きく異なります．タンパク質を構成するアミノ酸のうち，トリプトファン，チロシンは280 nm付近に吸収があります．これらのアミノ酸の含有量によって，各タンパク質はそれぞれ固有の吸光係数（ε）をもっています．各タンパク質の吸光係数は，Swiss Institute of Bioinformatics の ProtParam tool[1] などのサイトにおいて，目的タンパク質のアミノ酸配列を入力することで算出することができます[2]．また，バックグラウンドの吸収を差し引くため，320 nm の吸光度も計測する必要があります．以上の値をもとにタンパク質の濃度を求めることができます．

$$A_{280} - A_{320} = \varepsilon C$$

A_{280}：280 nm の吸光度，A_{320}：320 nm の吸光度，ε：吸光係数，
C：タンパク質の濃度（mol/L）

上の式の ε の値はタンパク質によって変わります．さまざまなタンパク質が混在しているサンプルの濃度測定を行う場合，吸光係数を求めることができないので，そのような場合は吸光度1＝1 mg/mL として濃度計算を行う場合があります．

一方，紫外吸収法による濃度測定では濃度を適切に見積もることが困難なことがあります．それは，前述した280 nm 付近に吸収があるトリプトファン，チロシンを含まない，あるいはほとんど含まないタンパク質です．そのようなタンパク質においては，紫外吸収法ではなく別の手法によって濃度測定をする必要あります（4章-10）．他にも，紫外吸光によって，適切な濃度測定ができない例として，DNA，RNA などの核酸や，イミダゾールなどの紫外吸光をもつような物質がサンプル中に含まれている場合があります．核酸は260 nm 付近，タンパク質は280 nm 付近に極大の吸光ピークを有するので，自分のタンパク質を測定した際に280 nm 付近を極大とする吸光ピークが得られなかったら，核酸の混入を疑うとよいでしょう．また，バッファー中に，ノニデットP-40や Tween20などの紫外吸光を有する物質が含まれる場合，吸光光度計の機種によっては，測定可能なダイナミックレンジを上回ってしまうことがあります．つまり，CaseのJさんが濃度測定を試みた複数のタンパク質は，それぞれ芳香族の含有量が異なっていた可能性や，バッファー中に紫外吸光を有する界面活性剤が含まれていた可能性が高く，それによって紫外吸収法で適切に定量できなかったと考えられます．

吸光光度計を用いて吸光度を測定するためには，サンプルを入れるセルが必要です（図）．注意すべき点として，バッファーやタンパク質の種類によっ

図　吸光光度計用のセル

てはセルを汚したり腐食させたりしてしまうケースがあることです．特に，石英セルは高価なものなので，使用説明書をよく読んで測定可能な溶液条件などを事前に調べておきましょう．

（堀越直樹）

>
> **タンパク質の声**
>
> ## 吸光度　芳香族に　依存する
>
> タンパク質を構成するアミノ酸のうち，芳香族アミノ酸であるトリプトファン，チロシンの含有量によって，吸光係数が変わることに注意しましょう．

参考文献・ウェブサイト

1) ProtParam tool. https://web.expasy.org/protparam/
2) Gasteiger E, et al：Protein identification and analysis tools on the ExPASy server.「The Proteomics Protocols Handbook」(John M. Walker, ed)，pp571–607, Humana Press, 2005.

第4章 精製でタンパク質を失っていませんか？

9 その定量法，あなたのタンパク質に適していますか？

Case

常識度 ★★★☆☆　　危険度 ★☆☆☆☆

Fさんがアッセイに使用したいと考えていたタンパク質を先輩に分けてもらえないか相談してみました．先輩から了承を得て，高純度かつ高濃度のタンパク質を分けてもらったFさんは，先輩から「実験する前にタンパク質濃度を測定してね」と言われました．そこで，ブラッドフォード法でタンパク質濃度測定したところ，ほとんどタンパク質が含まれていないという結果が出ました．「高濃度のサンプルだったはずなのに……」困ったFさんが先輩に報告したところ，「そのタンパク質にはブラッドフォード法はつかえないよ」とアドバイスをもらいました．さて，どういうことでしょうか？

キーワード ▶ 濃度測定，比色法，ブラッドフォード法

紫外吸収法での濃度測定に適さないタンパク質

　紫外吸収法によるタンパク質の濃度測定では，第4章-8で述べているように，タンパク質を構成するアミノ酸のうち芳香族アミノ酸であるトリプトファン（吸収極大：278 nm），チロシン（吸収極大：275 nm），フェニルアラニン（吸収極大：257 nm）などが紫外光を吸収する性質を利用しています．したがって，この波長280 nmでの紫外吸収法は手軽な反面，目的タンパク質に芳香族アミノ酸がほとんど含まれていない場合には使用できません．このような場合には，以下にご紹介する「比色法」を試してみるとよいでしょう．

比色法とは

　比色法とは，タンパク質に結合して呈色する色素を利用して，変化した色の差を吸光度（absorbance）として測定することでタンパク質濃度を定量する方法です．タンパク質濃度を算出するために，まずはリファレンスとなる濃度が既知のタンパク質溶液（ウシ血清アルブミンなど）を用いて希釈系列を作製し，色素を結合させて吸光度を分光光度計で測定します．リファレンスタンパク質の希釈系列の吸光度をタンパク質濃度に対してプロットし，検量線を作成します．このとき，サンプルが溶けているバッファーと同じバッファーで希釈系列を作製することが大切です．バッファーに含まれる試薬の種類や濃度が，色素の発色や吸光度に影響を与えることがあるためです．検量線を作成したら，目的タンパク質のサンプル溶液の吸光を測定すれば，作成した検量線から濃度を算出することができます（図）．タンパク質濃度が濃すぎたり薄すぎたりするサンプル溶液では，吸光度を正確に測定することができないので，適宜サンプルを希釈して，適切なタンパク質濃度にて吸光度の測定を行うようにしましょう．

ブラッドフォード法

　代表的な比色法としてブラッドフォード法を紹介します．ブラッドフォード（Bradford）法は，SDS-PAGEにおいてバンドの検出によく使用するCBB（Coomassie Brilliant Blue）色素がタンパク質に結合する性質を利用しています．CBB色素は，本来赤茶色を呈しますが，酸性条件においてタンパク質

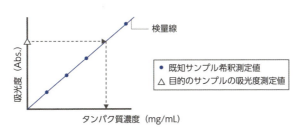

図　検量線を用いたタンパク質濃度の測定

と結合すると，青色を呈するようになります．CBB色素と結合するアミノ酸は塩基性アミノ酸残基や芳香族アミノ酸残基などが知られています．CaseのFさんのサンプルは芳香族アミノ酸が少なかったことが原因と思われますが，芳香族アミノ酸だけでなく，CBBと結合する他のアミノ酸残基も少なかったのかもしれません．ブラッドフォード法で使用するCBB色素は，タンパク質結合の有無による色の変化の差は595 nmの波長で最大となるため，595 nmの波長で吸光度を測定します．

　ブラッドフォード法は，比色法のなかでも反応時間が2分程度と特に短く操作が簡便であり，また発色も長時間安定していることから，頻繁に利用される方法です．また，バッファーによく使用される還元剤（2-メルカプトエタノールやDTTなど）やキレート剤（EDTAなど）の影響を受けにくいという長所をもっています．しかし一方で，Triton X-100やSDSのような界面活性剤の影響を受けやすく，またCBB色素自体がキュベットに吸着されやすいなどの短所もあるため，ブラッドフォード法で濃度測定を行う際にはこれらの点に注意が必要です．

比色法にはその他にどんな種類があるの？

　比色法には，ブラッドフォード法以外にもビウレット（Biuret）法，ローリー（Lowry）法，BCA（ビシンコニン酸）法などが，代表的な方法として知られています．いずれの方法においても，濃度既知のタンパク質溶液を用いて作成した検量線をもとに，目的タンパク質の濃度を算出する点は同じですが，タンパク質の染色方法が異なります．それぞれの手法の原理および利点，欠点などの詳細については，第4章-10を参照してください．

（飯倉ゆかり）

> **タンパク質の声**
>
> ## タンパク質 正しい定量 よい実験
>
> タンパク質のアミノ酸組成によっては紫外吸収法を使えないこともあります．また，比色法であるブラッドフォード法での濃度測定にはバッファー組成の向き不向きがあることを念頭において，使用しているキットの測定可能な条件を検討しましょう．

参考文献

1) Bradford MM：Anal Biochem, 72：248-254, 1976
2) Fazekas de St Groth S, et al：Biochim Biophys Acta, 71：377-391, 1963

第4章 精製でタンパク質を失っていませんか？

10 タンパク質やバッファーの性質によって定量法を使い分けていますか？

Case

常識度 ★★★☆☆　　危険度 ★☆☆☆☆

Dさんは精製し終わったタンパク質濃度をブラッドフォード法で測定するために，普段行うとおりに希釈系列をつくることにしました．測定範囲内の濃度に希釈するために，まずはおおよその濃度を知ろうと思い，紫外吸収法で280 nmの吸収を測定しました．その後ブラッドフォード法で測定したところ，2倍近くの測定誤差が出てしまいました．どちらの信頼性が高いのでしょうか？

キーワード ▶ ブラッドフォード法，ビウレット法，ローリー法，BCA法，紫外吸収法

　タンパク質を定量するためにさまざまな手法が開発されていますが，それぞれに長所と短所があります．以降，4種類の比色法と紫外吸収法によるタンパク質定量法について，それぞれの特徴をみてみましょう．

タンパク質定量法の種類と特徴

1 ブラッドフォード法（Bradford法）

　第4章-9で記述されているとおり，CBB色素がタンパク質に結合して，酸性条件下で赤茶色から青色に変化する性質を利用しています．CBB色素の呈色の変化を595 nmの波長の吸光度で測定します．ブラッドフォード法は，バッファーに含まれる還元剤やキレート剤の影響を受けにくい反面，界面活性剤の影響を受けることに注意が必要です．

表　各タンパク質定量法のまとめ

測定方法	ブラッドフォード法	ビウレット法	ローリー法	BCA法	紫外吸収法
測定波長	595 nm	546 nm	750 nm	562 nm	280 nm
呈色	青色	赤紫〜青紫色	青色	紫色	―
長所	●還元剤やキレート剤の影響を受けにくい	●アミノ酸配列による影響が少ない	●検出感度が高い	●界面活性剤が入っていても測定可能 ●精度が高い ●溶液が安定 ●定量範囲が広い	●サンプルだけで測定可能
短所	●界面活性剤の影響を受ける	●検出度が低い ●呈色反応に影響する物質が多い	●アミノ酸配列に影響を受ける ●反応時間が長い	●呈色反応に影響する物質が多い	●モル吸光係数がアミノ酸配列に依存する

2 ビウレット法（Biuret法）

　ビウレット法では，2価の銅イオン（Cu^{2+}）が塩基性条件下でタンパク質のペプチド結合中の窒素原子に配位して赤紫色から青紫色に呈色する反応（ビウレット反応）を利用しています．強アルカリの水溶液に硫酸銅（II）を添加してタンパク質溶液と混合し，波長546 nmの吸光度を分光光度計で測定します．この方法では，銅イオンとペプチド結合の反応を利用するため，タンパク質のアミノ酸配列による影響を受けにくいのが利点です．しかし，検出感度は比色法のなかでは低く，低濃度のタンパク質溶液の定量にはあまり向いていません．また，高濃度のトリス，スクロース，アンモニウムイオンなど，呈色反応に影響を与える物質が多いことに注意が必要です．

3 ローリー法（Lowry法）

　ローリー法は，先に述べたビウレット法を改良して検出感度を向上させた，タンパク質の定量法です．アルカリ性条件において硫酸銅（II）とタンパク質を反応させるところ（ビウレット反応）まではビウレット法と同じですが，ローリー法では，この反応液にさらにFolin-Chiocalteuフェノール溶液とよばれるタングステン酸，モリブデン酸，リン酸などを含む溶液を添加します．ビウレット反応により生成した銅イオンのキレート錯体とFolin-Chiocalteuフェノール溶液が反応すると，反応液は青色に呈色し，波長750 nmの吸光度を測定することでタンパク質濃度を高感度に定量することができます．ただし，Folin-Chiocalteuフェノール溶液は，チロシン，トリプトファンなど

第4章　精製でタンパク質を失っていませんか？

135

のアミノ酸側鎖とも反応するため，これらのアミノ酸が多いと発色が強くなる傾向があります．また，ローリー法は検出感度が高い反面，発色が安定するまでに時間がかかります．フェノール試薬添加後に30分程度静置するプロトコールが多いです．さらに，還元剤や金属キレート剤などをはじめとする，ビウレット反応に影響する多くの物質による影響を受けます．

4 BCA法（ビシンコニン酸法）

BCA法は，ローリー法と同じくビウレット法を改良したタンパク質定量法です．BCA法の最大の利点は，ブラッドフォード法では測定できなかった，界面活性剤を含むバッファーでも測定できることです．BCA法は，アルカリ性条件下でタンパク質によってCu^{2+}がCu^+に還元される反応（ビウレット反応）と，還元されたCu^+がBCA（ビシンコニン酸）と反応して562 nmの波長に吸収極大をもつ紫色に呈色する反応を組合わせた手法です．BCA溶液が安定であること，検量線の直線性が高い（精度が高い）こと，定量範囲が広いことなどが長所としてあげられます．しかし，グルコース，硫酸アンモニウム，リン脂質，還元剤，金属キレート剤の存在下では反応が阻害されるため注意が必要です．

5 紫外吸収法

第4章-8にも記述されているとおり，タンパク質を構成するアミノ酸のうち，おもにトリプトファン，チロシン，フェニルアラニンの含有量によってモル吸光係数は大きく影響を受けます．したがって，280 nmの吸光度の値が同じでも，タンパク質のアミノ酸組成によって，算出されるタンパク質濃度は異なってきます．また，核酸が混入している場合やバッファーにイミダゾールのような紫外吸収をもつ化合物が含まれる場合には，280 nmの吸光度に影響を及ぼすため注意が必要です．

純度が低いサンプルの濃度を測定したいときには

純度が低いサンプルにおいて，第4章-8からご紹介してきた方法では，目的タンパク質の濃度を正確に測定することはできません．比色法も紫外吸収

法も，溶液中に存在する総タンパク質を定量することになるためです．

しかし，総タンパク質量がわかっていれば，ポリアクリルアミドゲル電気泳動を利用して純度から逆算することで，おおよその目的タンパク質の濃度を求めることができます．タンパク質の純度を見積もる最も簡便な方法は，タンパク質サンプルをSDS-PAGEで展開してCBB色素で染色したゲルをCCDカメラで撮影し，専用ソフトウエアで定量する方法です．しかし，CBB染色はタンパク質のアミノ酸配列によって結合率が異なるため，同じ濃度のタンパク質を泳動していてもタンパク質ごとに染色のばらつきが多少生じます．それゆえ，一概にバンドの色素の濃さだけで正確に濃度を算出することはできません．

吸光度測定がおかしいときは

分光光度計で濃度測定を行う際には，測定対象物の濃度がゼロの場合において，吸光度の値はゼロであることが重要です．しかし，実際の測定では必ずしもそうならない場合があります．原因としては，セルの汚れの影響や，溶液中の化学物質による吸収の影響や，サンプルに含まれる不純物の影響などが考えられます．これらの影響を最小限に抑えるためには，サンプルの吸光度からリファレンスとしてタンパク質を含まない同組成の溶液の吸光度を差し引くことで，サンプルに由来する吸光度を正確に測定するようにします．また，光路上に気泡が混入していると異常な値を示す原因となりますので，サンプルに気泡を入れないように注意が必要です．

（飯倉ゆかり）

タンパク質の声

サンプルの　性質見極め　測定を

分光光度計を利用する定量では，測定方法により阻害物質が異なるため，サンプル自身のアミノ酸配列やサンプル溶液の性質，濃度などを考慮して定量方法を選択しましょう．

参考文献・ウェブサイト

1 ）Bradford MM：Anal Biochem, 72：248-254, 1976

2 ）Fazekas de St Groth S, et al：Biochim Biophys Acta, 71：377-391, 1963

3 ）LOWRY OH, et al：J Biol Chem, 193：265-275, 1951

4 ）Smith PK, et al：Anal Biochem, 150：76-85, 1985

5 ）Shimazaki K & Sukegawa K：J Dairy Sci, 65：2055-2062, 1982

6 ）Blakesley RW & Boezi JA：Anal Biochem, 82：580-582, 1977

7 ）「タンパク質定量」Learning at the Bench. http://www.learningatthebench.com/
protein-assay

8 ）分光倶楽部 基礎講座　第 1 回. https://www.gelifesciences.co.jp/technologies/
spectro/spectclub/theo_01.html
（第 6 回まであります．URL 末尾の「theo_0X.html」の X に 1〜6 を入力してアク
セスして下さい）

第4章 精製でタンパク質を失っていませんか？

11 核酸−タンパク質複合体の精製法を知っていますか？

Case

常識度 ★★★☆☆　　危険度 ★★☆☆☆

ある日，Bさんは数十塩基対のDNAとタンパク質との複合体を調製することになりました．Bさんは「複合体調製ならばゲル濾過カラムを用いる以外の選択肢はないだろう」と考え，ゲル濾過クロマトグラフィーによって複合体の精製を試みました．しかし，どうしても複合体と単体の状態のDNAやタンパク質とを分離することができません．効率よく分離する方法はないかと考えているうちに，Bさんはタンパク質が正に強く帯電していることに気づきました．複合体を形成させた後，陽イオン交換カラムを用いてタンパク質単体と複合体とを分離できるのではないかと考え，陽イオン交換クロマトグラフィーによる精製を試みました．しかし，陽イオン交換カラムから溶出された画分を分析したところ，複合体が壊れてしまっていることが判明しました．確かに複合体は形成されていたはずなのに，とBさんは考え込んでしまいました．核酸−タンパク質複合体を高純度に精製する方法は他にはないのでしょうか．

キーワード ▶ ゲル濾過クロマトグラフィー，イオン交換クロマトグラフィー，分取用電気泳動装置

ゲル濾過クロマトグラフィー

　タンパク質複合体の精製における最もポピュラーな方法の1つに，ゲル濾過クロマトグラフィーがあります（図1）．ゲル濾過クロマトグラフィーは，分子量の違いを利用してサンプルを分離することができる精製方法です

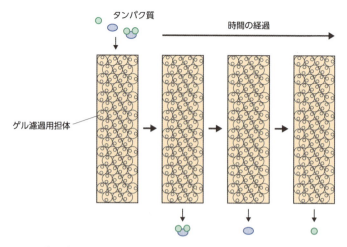

図1 ゲル濾過クロマトグラフィー
分子量が小さい分子ほど，カラム内での移動距離が長くなり，溶出されるまでの時間がかかる．

表 ゲル濾過カラムの種類と分画範囲

ゲル濾過カラム (GEヘルスケア社)	分画範囲（Da）
Superdex 30	100～7,000
Superdex 75	3,000～70,000
Superdex 200	10,000～600,000
Superose 6	5,000～5,000,000
Superose 12	1,000～300,000

GEヘルスケア社のウェブサイトの情報を元に作成．

(第4章-4)．したがって，核酸-タンパク質複合体と核酸単体やタンパク質単体とを，分子量の違いを利用して分離することが可能です．また，ゲル濾過カラムに充填する担体にはさまざまな種類があり，種類によって分離できる分子量の領域を選択できます（表）．このように，分子量が異なるサンプルの分離を行ううえで，ゲル濾過クロマトグラフィーはとても有用です．

しかし，ゲル濾過クロマトグラフィーを用いてもうまくサンプルを分離できない場合があります．1つはタンパク質の会合状態が複数存在する場合です．例えば，DNAと相互作用するときは1：1結合なのに対し，DNAから解離すると自己会合するようなタンパク質である場合，DNA-タンパク質複合

体とタンパク質多量体とを分子量の違いで分離するのが難しい可能性があります．また，複合体が崩壊しないようにと低塩濃度のバッファーを用いると，サンプルがカラムに非特異的に吸着してしまう事例もあるため注意が必要です．

イオン交換クロマトグラフィー

　核酸-タンパク質複合体とタンパク質単体を分離するために，イオン交換カラムを選択する場合があります．イオン交換カラムは，正または負に帯電した担体を充填したカラムであり，タンパク質の電荷を利用して精製を行う際に用います（第4章-4）．今回の事例において，正に帯電したタンパク質が負に帯電した核酸と相互作用することによって，タンパク質が単体で存在するときよりも複合体の電荷は減弱します（図2）．そのような状況では，核酸-タンパク質複合体とタンパク質単体の電荷の違いを利用して，イオン交換クロマトグラフィーで両者を分離できる可能性があります．しかし，イオン交換カラムを用いる際の注意点は，カラムに充填された担体の電荷の強度によって，複合体が崩壊してしまう恐れがあることです．さらに，カラムに結合したサンプルを溶出する際にバッファーの塩濃度を上昇させることによっても複合体が崩壊する可能性があります．このような問題が起こらないサンプルを精製する場合には，イオン交換クロマトグラフィーは複合体精製における有用なツールとなります．

分取用電気泳動装置

　前述の精製法の他にも，核酸-タンパク質複合体精製のための強力なツールがあります．それが分取用電気泳動装置です（図3）．図のように非変性のポリアクリルアミドゲルを中央の筒に作製し，次にゲルの上部にサンプルを注入します．ここまで準備が整ったら，装置の上部から下部に向かって負→正の向きで電圧をかけてゲル電気泳動を行います．この装置が最も効果を発揮するのは，正に帯電しているタンパク質と負に帯電している核酸との複合体を精製する場合です．負→正の向きで電圧をかけていますので，核酸単体が最も早く泳動され，次いで核酸にタンパク質が結合し，見かけの分子量が

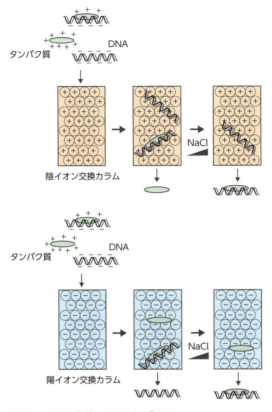

図2 イオン交換クロマトグラフィー
陰イオン交換カラムには正に帯電した樹脂が，陽イオン交換カラムには負に帯電した樹脂が充填されている．したがって，例えばDNA，正に帯電したタンパク質，およびその複合体の混合液を用いて陰イオン交換クロマトグラフィを行うと，正に帯電したタンパク質は正に帯電した樹脂と反発して先に溶出されてくる．その後，徐々に高い塩濃度の溶液をカラムに添加することによって，DNA-タンパク質複合体，DNAの順番に溶出されてくる．このようにして，混合液からDNA，タンパク質，およびDNA-タンパク質複合体を分画することができる．

増大した複合体が泳動されます（図4）．正に帯電したタンパク質はゲルに入ることさえありません．その後，ゲルの下部から溶出されたサンプルを分画します．このように，分取用電気泳動装置を用いることによって電気泳動度の違いを利用したサンプルの分画を行うことができます．この装置を用いた精製法は，核酸-タンパク質複合体だけでなく，長さの異なる核酸の分離な

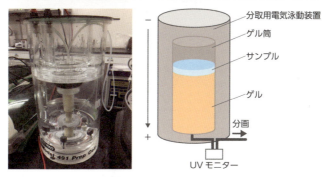

図3　分取用電気泳動装置

どにも有効です．

　分取用電気泳動装置による複合体精製においても注意点があります．それは，電気泳動する際の電圧の大きさです．電圧を上昇させすぎるとゲルの濃度が高くなり，複合体が崩壊してしまう可能性がありますので注意が必要です．

（堀越直樹）

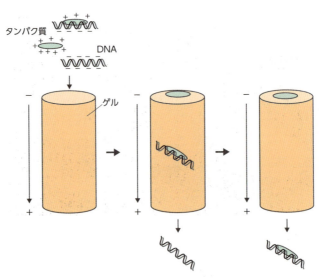

図4 分取用電気泳動装置による核酸-タンパク質複合体の精製

タンパク質の声

複合体 精製法は 多種多様

タンパク質複合体や核酸-タンパク質複合体を精製する方法はいくつもありますが，複合体の性質や，複合体とタンパク質単体の性質の違いを見極めて適切な方法を用いることで，高純度な複合体精製が可能になります．

第5章

その精製タンパク質，目的どおりのものですか？

1 タンパク質の会合状態は正常ですか？ 146
2 タンパク質の折りたたみは適切ですか？ 150
3 精製したタンパク質は本当に目的のものですか？ 156
4 精製したタンパク質が分解していませんか？ 161
5 精製したタンパク質の翻訳後修飾が生体内と違っていませんか？ 166

第5章 その精製タンパク質, 目的どおりのものですか？

1 タンパク質の会合状態は正常ですか？

Case

常識度 ★★★☆☆　　危険度 ★★★★★

大学院生のFさんは，新たにタンパク質Aの解析を行うことになりました．Fさんは，先輩たちがタンパク質Aの精製を行っているところを何度も見たことがあり，同じ方法でタンパク質Aの精製を行いました．そして，リコンビナントタンパク質としてタンパク質Aを精製することに成功しました．数日後，精製したタンパク質Aの活性を調べたところ，先輩たちが精製したものよりも，その活性が著しく低いことがわかりました．Fさんは，「先輩たちと同じように精製したのに，なんで僕だけ活性が低いのか？ 本当に運が悪い」と思いました．いつもアドバイスをしてくれる先輩Yさんは，精製過程で使用したゲル濾過クロマトグラフィー後の回収フラクションがいつもと違うことに気がつきました．

キーワード ▶ 分析超遠心解析，光散乱，ゲル濾過クロマトグラフィー

精製後のタンパク質の会合状態のチェック

　タンパク質は一次構造，二次構造，三次構造，および四次構造からなる階層的な構造分類により構成されています（第1章-1）．一次構造はアミノ酸配列，二次構造はヘリックス構造やシート構造，ループ構造といったタンパク質の部分構造です．三次構造はタンパク質の立体構造であり，二次構造が規則正しく寄り集まることで形成されます．さらに，複数種もしくは同一種のタンパク質同士が非共有性の結合により結合することで形成されるのが四次構造です．例えば，抗体は重鎖と軽鎖からなるヘテロ二量体が結合するこ

とで構成されるヘテロ四量体で機能しています．タンパク質（複合体）の会合状態は活性や安定性に強く影響をおよぼします．よって，タンパク質（複合体）の会合状態を解析することは，タンパク質の品質を維持して再現性のある実験結果を得るためにとても重要なポイントになります．

タンパク質の会合状態は，「ゲル濾過クロマトグラフィー」「動的光散乱法」「分析超遠心解析」により解析することが可能です（図1）．

1 ゲル濾過クロマトグラフィー

ゲル濾過クロマトグラフィーは，カラムに充填した担体にタンパク質（複合体）溶液を通して，タンパク質をその見かけの大きさの違いによって分離する手法です（図1，第4章-4, 11）．カラムに充填された担体には，小さな孔が開いており，小さい分子ほどその孔に入り込み，カラムに長い間とどまります．そのため，小さい分子ほど遅く溶出されます．タンパク質をゲル濾過クロマトグラフィーで分析した結果，複数のピークが検出されたときは注意が必要です．ピークがいくつもあるサンプルは，タンパク質がさまざまな会合状態をとっていることを示しています．CaseのFさんが精製したタンパ

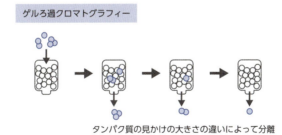

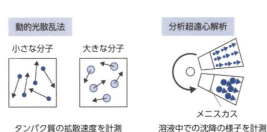

図1　タンパク質の会合状態の解析法

ク質の会合状態が，先輩たちが精製したものとは異なっていた可能性があります．その場合，それぞれのピークフラクションの活性を解析し，機能的な活性を有する会合状態を特定する必要があります．

2 動的光散乱法

動的光散乱法は，溶液中のタンパク質がブラウン運動によって拡散する速度を計測することで，タンパク質の粒子径を測定する手法です（図1）．溶液中でのタンパク質の拡散の速度は，溶媒の温度，溶媒の粘度，およびタンパク質の粒子径で決定されます．よって，溶媒の温度と溶媒の粘度が既知であればタンパク質の粒子径を算出することができます．一般的には，溶液中において，大きな分子の拡散速度は遅く，小さな分子の拡散速度は速いことが知られています．よって，短時間の分子の運動を測定することで，分子の大きさを見積もることができます．

3 分析超遠心解析

分析超遠心解析は，超遠心によってつくられた重力下での，タンパク質の溶液中での沈降の速度を計測することで，その均一性や分子量を精密に分析

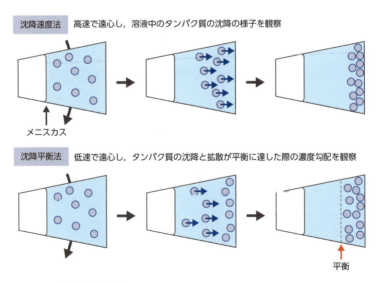

図2　分析超遠心解析

することができる解析手法です（図2）．この手法は，ペプチド程度の小さい分子から巨大なタンパク質複合体まで，広い範囲の分子量の解析が可能です．また，おおよその分子の形状情報も得ることができます．分析超遠心解析の手法として，沈降速度法と沈降平衡法の2つがあげられます．沈降速度法では，比較的速い速度でサンプルを遠心し，溶液中でのタンパク質の沈降の様子を経時的に観察します．沈降速度法は，タンパク質の均一性や凝集体が含まれるかどうかを解析することに適した解析手法です．一方で，沈降平衡法では，比較的低速で遠心を行い，タンパク質の沈降と拡散が平衡に達した際の濃度勾配を観察します．沈降平衡法はタンパク質の分子量を正確に算出することが可能な解析手法です．実際にタンパク質の会合状態を解析する場合，まずは沈降速度法により，そのサンプルの均一性を評価することがよいでしょう．沈降速度法によりサンプルの均一性が確認されたサンプルに関して，沈降平衡法によりその分子量を正確に算出することで，タンパク質分子の会合状態を知ることができます．

(町田晋一)

タンパク質の声

目的の 複合体は 何量体？

同一種もしくは複数種のタンパク質が会合することで機能するタンパク質複合体が多く存在します．

参考文献
1)「タンパク質をみる」（長谷俊治，高尾敏文，高木淳一 / 編），化学同人，2009

第5章 その精製タンパク質，目的どおりのものですか？

2 タンパク質の折りたたみは適切ですか？

Case

常識度 ★★★★☆　危険度 ★★★★★

タンパク質の精製が完了したIさん．質量分析で質量を確認し，ゲル濾過解析で，単一のピークになることを確認しました．質のよい目的のタンパク質が精製できたと思い，機能解析をはじめました．しかし，タンパク質の活性を検出することができません．心配になったIさんは先輩に相談しました．すると，「そのタンパク質ってきちんとフォールディングしているか確認したの？」と聞かれました．もしかしたら，Iさんの精製したタンパク質は，うまくフォールディングしていないのかもしれません．不安になったIさんは，タンパク質がフォールディングしているか，確認してみることにしました．

キーワード▶フォールディング，αヘリックス，βシート，CD，安定性解析

タンパク質のフォールディングとは

　タンパク質は，アミノ酸配列である一次構造，αヘリックスやβシートからなる二次構造，これらが組合わさって形成される三次構造，といった高次構造を形成している立体的な構造体です（図1）．目的のタンパク質を精製しても，そのタンパク質が正しい立体構造を形成していなければ，活性を持ちません．そのため，タンパク質の折りたたみ（フォールディング）を確認することは，たいへん重要なステップと言えます．

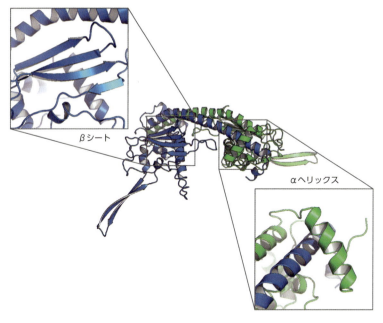

図1 タンパク質の立体構造の例
タンパク質は，αヘリックスやβシート といった2次構造が組合わさることで，立体的な構造体を形成します（PDB ID：2Z2R）．CD測定では，αヘリックスやβシートの有無や含有量を評価することができます．

円二色性分光法による αヘリックス，βシートの確認

　タンパク質のフォールディングを確認する手法の1つに円二色性（circular dichroism，CD）分光を用いた解析があります．タンパク質のCDスペクトルを得ることで，目的タンパク質中において，αヘリックス，βシートが形成されているのかを確認することができます．タンパク質中のαヘリックスは，222 nmと，208 nmに負の極大，190 nmに正の極大をもつスペクトルを示します．一方で，βシートでは，218 nmに負の極大，195 nmに正の極大をもつスペクトルを示します．また，ランダム構造については，195 nmに負の極大が観測されます（図2）[1]．実際のデータは，αヘリックス，βシート，ランダム構造のスペクトルが混ざり合った波形が得られます．この波形から，それぞれの二次構造に特徴的な波長のスペクトルに注目することで，

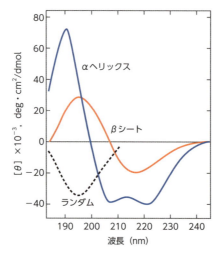

図2　CDスペクトルの例（ポリ-L-リジン）
文献2より引用．

それぞれの二次構造の含有量がわかります．通常のCD装置では，200 nmより短い波長のCDスペクトルの測定は不正確になりますが，222 nm，218 nm，208 nmのシグナルの強度でサンプルの状態を判断することができます．CD測定は，非常に簡便に測定することが可能です．また，さまざまな溶媒条件でCD測定を行うことで，精製したタンパク質に対する適切な溶媒組成の検討に利用することができます．

タンパク質の安定性解析

　精製したタンパク質の性質は，塩濃度やpHなど，溶媒の組成の違いに大きな影響を受けます．CDスペクトルの測定によって同一のスペクトルが観察されたタンパク質でも，その構造安定性に差があることがあります．タンパク質は立体構造を形成することで機能をもつため，安定な構造を形成する条件の検討は，重要なステップであると言えます．CDスペクトルの測定では，精製したタンパク質におけるαヘリックス，βシートの有無を解析するだけでなく，その安定性も解析することが可能です．この測定では，αヘリックスに由来する208 nmの波長など，特定の波長について，温度，塩濃度，

pHなどの条件を変化させた際のスペクトルの変化を解析します．例えば，構造が不安定なタンパク質では，低い温度でαヘリックスやβシートに由来するスペクトルが検出できなくなりますが，安定なタンパク質では，高い温度条件下においてもαヘリックスやβシートに由来するスペクトルが検出されます．このような手順にて，さまざまな条件でのタンパク質の安定性を評価することが可能です．

また，CD以外の解析手法として，タンパク質の疎水性部位に結合し，蛍光を発する試薬であるSYPRO Orangeを用いた解析があります[3]．この手法では，SYPRO Orangeを混合したタンパク質に対し，温度を徐々に上昇させます．タンパク質の立体構造が壊れることによって，タンパク質構造の内部に存在していた疎水性部位が露出するとSYPRO Orangeが結合し，蛍光を発します．不安定なタンパク質では，低い温度から蛍光が検出され，安定なタンパク質では，高い温度条件で蛍光が検出されます．

（加藤大貴）

タンパク質の声

構造の 違いが生み出す キャラクター

タンパク質の活性は，その構造によって規定されることが多いです．研究を行う際には，きちんとフォールディングをしたタンパク質を用いることが重要になります．

参考文献
1）「生命科学のための機器分析実験ハンドブック」（西村善文/編），羊土社，2007
2）Townend R, et al：Biochem Biophys Res Commun, 23：163-169, 1966
3）Taguchi H, et al：Methods, 70：119-126, 2014

> コラム

タンパク質の立体構造の決定

タンパク質は立体構造を形成することでその機能を発揮します．よって，タンパク質の機能を理解するためには，タンパク質の二次構造情報だけでなく，タンパク質の三次構造（立体構造）を知ることが重要です．そこで，本コラムでは，タンパク質の立体構造の決定方法を紹介します（図2）．

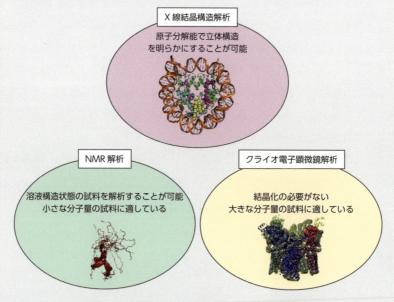

図2　タンパク質の立体構造解析の種類
それぞれの構造解析手法の特徴を示しています（X線結晶構造解析はPDB ID：3AFA，NMR解析は，PDB ID：2RVL，クライオ電子顕微鏡解析はPDB ID：3J5P, EMDB ID：5778）．

X線結晶構造解析

精製したタンパク質の結晶を作製する方法です．結晶化したタンパク質に対し，X線を照射することで，タンパク質の立体構造を原子のレベルで解明することができる手法です．まず，解析したいタンパク質を結晶化します．次に，得られた結晶に対してX線を照射し，X線回折像を得ます．X線は，研究室レベルのX線発生装置以外にも，SPring-8やPhoton Factoryといった放射光施設の高輝度のX線を用いることで，より高精度の解析が可能になります．得られたX線回折データをもとに，電子密度を計算し，タンパク質の立体構造を決定します．この手法を用いることで，タンパク質の立体構造を原子レベルで明らかにすることができます．

クライオ電子顕微鏡解析

近年，クライオ電子顕微鏡を用いた構造解析技術の発展が著しく，多くのタンパク質の立体構造が原子分解能で決定されています．クライオ電子顕微鏡解析では，薄膜状のタンパク質溶液を急速に凍結し，アモルファス状の氷中に存在するタンパク質粒子を透過型電子顕微鏡で観察します．その解析手法として，主に，単粒子解析法とトモグラフィー法があげられます．単粒子解析法では，数千～数十万個の粒子の二次元画像の情報を元に，三次元構造を再構成し，タンパク質の立体構造を決定します．トモグラフィー法では，さまざまな角度から一つの粒子の二次元画像を取得し，その情報をもとにタンパク質の立体構造を決定します．クライオ電子顕微鏡解析は，結晶試料を用意する必要がなく，タンパク質の立体構造を決定することができます．

NMR解析

NMRは，核磁気共鳴（nuclear magnetic resonance）により，タンパク質の立体構造を決定する手法です．タンパク質のNMR測定を行うことで，タンパク質に結合している ^1H のスペクトルデータを得ます．その後，得られた ^1H ピークが，どのアミノ酸に由来するものなのかを帰属し，^1H と ^1H との間の距離情報や，相対的な角度情報などの情報にもとづいて，タンパク質の立体構造を決定します．NMRを用いた構造決定では，溶液状態のタンパク質の立体構造を決定することができるという点で優れています．

第5章 その精製タンパク質，目的どおりのものですか？

3 精製したタンパク質は本当に目的のものですか？

Case

常識度 ★★★☆☆　　危険度 ★★★★★

大学院生のAさんは，タンパク質Xの立体構造を明らかにするべく，タンパク質Xをリコンビナントタンパク質として精製することにしました．大腸菌にタンパク質Xをコードする遺伝子を組み込んだプラスミドを導入し，タンパク質Xを大腸菌内で発現させました．SDS-PAGEによってその発現を解析してみると，大量に生産されているタンパク質が観察されました．でも，Aさんは，目的のタンパク質と思われるバンドの位置が，タンパク質Xの分子量から予想される位置と少し異なっているということに気がつきました．Aさんは，「僕はタンパク質Xを発現させることに成功したのか不安だ」とY先輩に相談しました．

キーワード ▶ SDS-PAGE, MS, ウエスタンブロット, Biacore, ITC

精製タンパク質は目的としているタンパク質？

タンパク質の機能解析や構造解析では，研究対象のタンパク質を高純度に精製することがスタート地点となります．タンパク質の精製では，細胞中に含まれるさまざまな夾雑物のなかから目的とするタンパク質のみを単離します．

よって，精製したタンパク質が本当に目的としたタンパク質なのかを確認することは，きわめて重要なポイントとなります．そこで，本節では，精製タンパク質が本当に目的としたタンパク質なのかを確認する方法を紹介します．

分子量の測定や特異的抗体を用いた確認方法

　まず，精製タンパク質の分子量の測定や特異的抗体を用いた解析により，精製したタンパク質が本当に目的としたタンパク質なのかを確認する手法を紹介します．

1 SDS-PAGE

　目的タンパク質のポリアクリルアミドゲル中での電気泳動度をもとに，精製タンパク質が目的としたタンパク質なのかを確認することができる，容易かつ安価な手法です．この手法では，ドデシル硫酸ナトリウム（SDS）を混合したタンパク質を熱によって変性した後に，ポリアクリルアミドゲルを用いて電気泳動で分離することで，その分子量の大きさによってゲル中で分離します（第1章-2）．電気泳動後，クマシー・ブリリアント・ブルー（CBB）色素によって染色することで，分子量マーカーとして用いたタンパク質との電気泳動度の比較から精製タンパク質のおおよその分子量を見積もることができます．精製タンパク質と予想される目的タンパク質の分子量を比較することにより，実際に検出しているバンドが目的とするタンパク質のものであるのかどうかを判断します．また，精製タンパク質に含まれる夾雑物の量や，精製タンパク質の分解の程度を知ることができる利点もあります．しかし，タンパク質の電荷に極端な偏りがある場合や，強固な立体構造を有する場合などでは，予想される分子量とは異なる位置にバンドが得られることがあるので，注意が必要です．

2 質量分析法（mass spectrometry：MS）

　MS解析は，精製タンパク質の分子量を正確に分析することが可能な解析手法です．MS解析では，試料となる精製タンパク質をイオン化し，その分子量を精密に測定します．詳しくは第5章-4を参照してください．目的タンパク質の予想される質量数と精密に比較することが可能なため，得られたタンパク質が目的のものであることを確認する最も信頼性の高い方法です．

第5章　その精製タンパク質，目的どおりのものですか？

157

3 ウエスタンブロッティング

　ウエスタンブロッティングにより，目的タンパク質を認識する特異的抗体を用いて，精製タンパク質が目的タンパク質であることを確認することができます．ウエスタンブロッティングでは，精製タンパク質をSDS–PAGEなどの電気泳動により展開した後に，そのゲル中からタンパク質を電気的にメンブレンに移動および固定化します．その後，タンパク質を固定したメンブレンを用いて，抗原抗体反応により目的タンパク質を検出します．なお，この方法を行うためには，目的タンパク質を認識する特異的な抗体が必須です．予想されるアミノ酸配列を化学合成したペプチドを抗原として用いることで，特異的な抗体を作製することができます．

分子間相互作用を利用した確認方法

　目的のタンパク質が，特定のタンパク質やDNAなどと相互作用することが知られている場合，その結合活性を検出することで，精製タンパク質が目的タンパク質であることを確かめることができます．分子間の相互作用解析に有効な表面プラズモン共鳴法および等温滴定型熱量測定法について紹介します．

1 表面プラズモン共鳴法（surface plasmon resonance：SPR）

　二つの分子間の結合と解離により生じる質量の変化を検出することにより，分子間の相互作用を解析する手法です．BiacoreなどのSPRを用いた相互作用解析では，センサーチップ表面に固定したリガンド（タンパク質やDNA）に対して，アナライト（結合が予想されているタンパク質など）を添加します．リガンドとアナライトが結合した際には，分子量が増大します．一方で，結合していた二つの分子が解離した際には，分子量が減少します．この分子量の変化を表面プラズモン共鳴とよばれる光学現象を利用し，リアルタイムで検出します（図）．本手法の特色は，二つの分子の相互作用が平衡状態にあるときのアフィニティーだけではなく，平衡状態に至るまでの結合および解離の反応速度を知ることができることです．

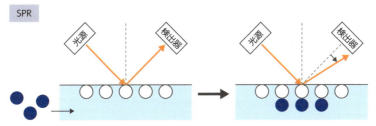

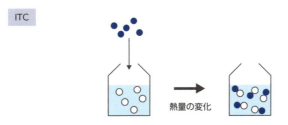

表面プラズモン共鳴とよばれる光学現象を利用して分子量の変化を検出

タンパク質間の相互作用によって生じる熱量の変化を検出

図　分子間相互作用の解析方法

2 等温滴定型熱量測定（isothermal titration calorimetry：ITC）

　分子同士の相互作用により，熱の発生による熱量の変化が生じることが知られています．等温滴定型熱量測定では，結合が予想される分子を精製タンパク質に滴定することで生じる熱量を測定することで，それら分子間の相互作用を検出します（図）．試料の物理的固定および化学修飾を行うことなく，分子間の相互作用を解析できる手法です．特に，等温滴定型熱量測定の特性として，分子間相互作用を熱量として測定できるため，結合の種類や数を推測することができます．

参考ウェブサイト
1）GEヘルスケア社ライフサイエンス統括本部．https://www.gelifesciences.co.jp/index.html

（町田晋一）

タンパク質の声

予測した 位置にバンドよ 現れて

タンパク質精製やその解析には長い時間がかかります．精製したタンパク質が，目的とするタンパク質であるかどうかをしっかり確認して，着実な実験を行いましょう．

第5章 その精製タンパク質，目的どおりのものですか？

4 精製したタンパク質が分解していませんか？

Case

常識度 ★★★★★　　危険度 ★★★★☆

研究室に配属されたばかりのJさんは，慣れない作業に戸惑いながらも，タンパク質の精製を行い，一週間をかけてようやくタンパク質の精製に成功しました．SDS-PAGEで確認してみると，目的の分子量の単一バンドが得られています．「高純度のタンパク質を精製できたぞ」と喜んだJさん．しかし，いざ精製したタンパク質を用いて実験を行ってみると，結果が安定しません．「おかしいなぁ．」と思ったJさんは，もう一度SDS-PAGEを行ってみました．すると，なぜかバンドが増えていました．不思議に思っているJさんに先輩のYさんが一言「素手で実験して，せっかく精製したタンパク質が分解しちゃったのかもしれないよ？」．

キーワード▶分解，プロテアーゼ，質量分析

タンパク質の分解を避けるために

　リコンビナントタンパク質を高純度に精製するためには，多くの日数を必要とします．しかし，精製したタンパク質には，どうしても微量のタンパク質分解酵素（プロテアーゼ）が混入してしまいます．そのため，プロテアーゼが働きやすい室温に精製したタンパク質を放置すると，簡単に分解されてしまいます．そして，分解してしまったタンパク質は，決して元には戻りません．そのため，タンパク質の分解を絶対に避けなければなりません．また，タンパク質は各アミノ酸がペプチド結合でつながっているため，自然に結合が切れてしまうことはありません．したがって，目的のタンパク質を超高純

度で精製することができれば，プロテアーゼによるペプチド結合の切断は大幅に抑えることができます．以下にタンパク質分解を抑えるコツを述べます．

1 不純物を含むサンプルはすばやく精製する

宿主由来の不純物を多く含むサンプルには，プロテアーゼが大量に混入している可能性が高いです．精製度の低いサンプルについては，なるべく早く精製を進めることで，タンパク質の分解を防ぐことができます．プロテアーゼによる分解は，精製までの時間が短いほど少なくなります．

2 タンパク質精製は低温で行う

タンパク質の精製をクロマトチャンバー内や，低温室内など，温度の低い（4℃以下）環境下で行うことで，プロテアーゼの活性を抑えることができます．精製の初期段階など，純度の低い試料を扱っている場合は，精製作業を氷上で行うなど，特に注意が必要です．

3 グローブをつけて作業を行う

プロテアーゼは，宿主由来のもののみではなく，人の手からも混入します．試料を素手で触ることは避け，実験操作を行う際には，必ずグローブを装着するようにします．

4 精製したタンパク質の保存法に注意する

精製したタンパク質試料は，凍結もしくは氷上にて保存します．タンパク質の種類によっては，凍結すると活性を失ってしまうものや，凍結保護剤のグリセロールによって不活化されてしまうものなども存在します．そのため，それぞれのタンパク質の性質によって，保存方法も検討することが重要です．また，凍結保存する際には，複数本のチューブに分注して保存することで，凍結融解によるタンパク質の変性のリスクを避けることができます（第6章-2）．

タンパク質分解の確認法

1 SDS-PAGE

精製したタンパク質について，SDS-PAGEを用いることで，タンパク質が分解しているのかどうかを簡便に評価することができます．「目的の分子量のバンドが得られていない」，「複数本のバンドが得られた」などのケースでは，タンパク質が分解している可能性があります（図1，第5章-3）．

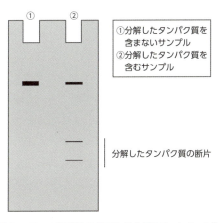

図1 タンパク質のSDS-PAGEのイメージ図
タンパク質が分解していると，複数本のバンドが得られることがあります．

コラム

質量分析のその他の使用事例

質量分析は，タンパク質の質量を正確に測定する手法です．タンパク質が分解しているかを評価するだけでなく，タンパク質の翻訳後修飾や複合体形成などの解析にも利用することができます．例えば，昆虫細胞などを用いたタンパク質精製では，リコンビナントタンパク質として発現させたタンパク質が翻訳後修飾を受けることがあります．これらの翻訳後修飾は，そのタンパク質の活性に大きな影響を与える可能性があるため，精製したタンパク質の翻訳後修飾の状態を知っておく事は重要です．また，目的タンパク質に結合するタンパク質群を，質量分析により一網打尽に解析することができます．このような方法は"プロテオミクス"として，現在タンパク質の機能解析の主流となっています．

2 質量分析

　精製したタンパク質が分解しているのかを詳細に確認するためには，質量分析がより正確であり適しています（図2A）．質量分析では，試料をイオン化した後，イオンを分離および検出し，得られた質量（m）と電荷（z）の比（m/z）をもとに，分子量を解析する手法です[1),2)]．代表的なイオン化の手法として，マトリクス支援レーザー脱離イオン化（matrix-assisted laser desorption/ionization：MALDI）法とエレクトロスプレーイオン化（electrospray ionization：ESI）法があります．MALDI法は，サンプルとマトリクスの混合物にレーザーを照射することによって，試料をイオン化する方法です．ESI法は，高電圧をかけたキャピラリーから，試料を噴霧することによって，イオン化する方法です（図2B）．MALDI法では，主に一価のイオンが生成されるのに対し，ESI法では，多価イオンを生成することができるため，高分子量の試料のm/zを小さくすることが可能です．そのため，検出可能な質量電荷比の上限がある検出器においても，試料を測定することができます[2)]．どちらの方法でも，試料をソフトにイオン化するため，タンパク質を分解することなく，測定することが可能です．質量分析の結果，目的のタンパク質の分子量の理論値と比較して，質量分析で得られた試料の質量が小さい場合，精製したタンパク質が分解している可能性があります．

〈加藤大貴〉

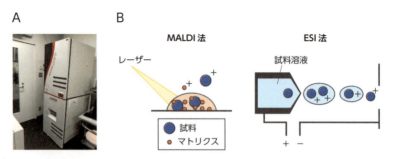

図2　質量分析
A）質量分析計（MALDI-TOF-MS）．
B）イオン化法．左図はMALDI法，右図はESI法を示している．

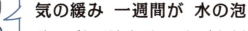

> **タンパク質の声**
> 気の緩み 一週間が 水の泡
> グローブをつけなくてもいいや，少しくらい室温に試料をおいてもいいや，その気の緩みがタンパク質の分解を招きます．

参考文献

1）「生命科学のための機器分析実験ハンドブック」（西村善文/編），羊土社，2007
2）「タンパク質をみる」（長谷俊治，高尾敏文，高木淳一/編），化学同人，2009

第5章 その精製タンパク質，目的どおりのものですか？

5 精製したタンパク質の翻訳後修飾が生体内と違っていませんか？

Case

常識度 ★★★★☆　危険度 ★★★☆☆

Gさんはあるタンパク質を，研究室で保有している発現系を用いて精製しました．精製したタンパク質をSDS-PAGEにより電気泳動したところ，一本のバンドとして検出され，高純度のタンパク質ができたとご満悦です．そのタンパク質の性質を調べるために，まずは先行研究と同様の機能解析実験を行いました．しかし，何度やっても先行研究のような結果が得られませんでした．先行研究の論文を読み返してみたところ，Gさんとは異った方法でタンパク質が精製されていました．せっかく精製したのにこれでは次の研究に進めないと落ち込んでしまいました．

キーワード ▶ 翻訳後修飾，二次元電気泳動

タンパク質の機能に影響する翻訳後修飾

　生体内においてタンパク質にはさまざまな翻訳後修飾が導入されます．生物種によって，さまざまな翻訳後修飾システムを有するため，同一のアミノ酸配列からなるタンパク質を発現させても，用いる宿主細胞の種類によって，翻訳後修飾の導入パターンが異なります．翻訳後修飾の有無は，タンパク質の機能に大きな影響を与える場合があり，高純度なタンパク質の精製に成功しても，翻訳後修飾の有無によって，タンパク質の性質を正しく評価することができないこともあります．ここでは各発現系において導入される翻訳後修飾と，翻訳後修飾の検出方法について紹介します．

表　宿主による翻訳後修飾の違い

	大腸菌	昆虫細胞	酵母	哺乳動物細胞
側鎖がリン酸化される アミノ酸	His, Asp	Ser, Thr, Tyr	Ser, Thr, Tyr	Ser, Thr, Tyr
側鎖のアシル化の有無	無	有	有	有
糖鎖修飾	無	高マンノース型	マンナン型	●複合型 ●高マンノース型 ●混合型

生物種による翻訳後修飾の違い

　タンパク質を発現させる宿主細胞の選択において，各細胞でどのような翻訳後修飾が導入されるのか考慮する必要があります（表）.

　大腸菌は，真核細胞が有するような，アミノ酸側鎖のアシル化（アセチル化，ホルミル化など）や脂肪酸付加，糖鎖修飾などを導入する酵素を有しておりません．一方で，アミノ酸側鎖のリン酸化修飾導入酵素（キナーゼ）に関しては大腸菌も有しています．真核細胞と大腸菌のキナーゼでは，リン酸化の標的となるアミノ酸が異なり，真核細胞ではセリン，スレオニン，チロシンに，大腸菌ではヒスチジンやアスパラギン酸にリン酸化を導入します．ただし，大腸菌発現系にて，目的タンパク質へリン酸化が導入されることは稀です．これらの要因により，真核生物のタンパク質を大腸菌に発現させた場合には，真核細胞に特有の翻訳後修飾を有した状態のタンパク質を精製することはできません．裏を返せば，目的のタンパク質が，真核細胞内においてさまざまな翻訳後修飾状態をとりうるような場合には，大腸菌発現系を用いることで，翻訳後修飾を有さない均一なタンパク質を精製することが可能になります．

　バキュロウイルスを用いた昆虫細胞発現系では，アシル化やリン酸化などの翻訳後修飾や糖鎖修飾を導入することができます．例えば，リン酸化はセリン，スレオニン，チロシンに導入されますし，糖鎖修飾も導入可能です．しかし，昆虫細胞における糖鎖修飾は高マンノース型であり，哺乳類細胞の複合型の糖鎖構造（N-アセチルグルコサミンやガラクトースを含む）とは異なります．近年では，その点をカバーして，哺乳類細胞と同様の翻訳後修飾を導入するために糖鎖修飾酵素を補う昆虫細胞が販売されています．

哺乳類のタンパク質を精製する場合，哺乳動物細胞を用いた発現系では正確な翻訳後修飾が期待できます．

質量分析を用いた解析

目的タンパク質にどのような翻訳後修飾が導入されているのかを明らかにしたい場合，液体クロマトグラフィー質量分析法（LC/MS/MS）を用いることが一般的です．この方法では，精製タンパク質をトリプシンなどで分解した後に，液体クロマトグラフィー（LC）によって分離します．LCにはエレクトロスプレーイオン化質量分析計が接続されており，1段階目の質量分析（MS）によって，LCによって分離された断片を，さらに質量ごとに分離します．続けて，コリジョンセル内でアミノ酸断片をさらに分解し，2段階目の質量分析（MS）を行うことによってどの位置のアミノ酸に，どのような翻訳後修飾が導入されたか明らかにすることができます．

近年では，LC/MS/MSの受託サービスを扱う会社も多数あります．

抗体を用いた翻訳後修飾の検出

抗アセチル化リジン抗体や抗メチル化リジン抗体など，翻訳後修飾が導入されたアミノ酸を認識する抗体を用いてウエスタンブロット解析を行うことで，どのようなタイプの化学修飾がタンパク質に導入されているか，簡便に調べることができます．現在，幅広い修飾に対する抗体が販売されており，容易に目的の抗体を入手することができます．

2次元電気泳動による翻訳後修飾の有無の解析

2次元電気泳動を用いた解析では，翻訳後修飾の種類や導入位置を調べることはできませんが，翻訳後修飾の有無を解析することができます．2次元電気泳動は，タンパク質の等電点と分子量の違いを利用した電気泳動を連続的に行うことで，翻訳後修飾の導入されたタンパク質を分離する方法です．1次元目にタンパク質を変性させない状態で等電点電気泳動をします．タン

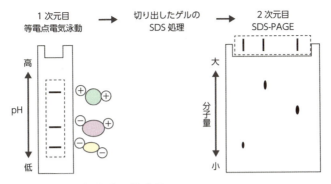

図1 2次元電気泳動の模式図
1次元目の等電点電気泳動では，タンパク質の泳動度は等電点によって変わります．塩基性のタンパク質は正に荷電して泳動度が小さく，一方で酸性のタンパク質は負に荷電して泳動度が大きくなります．そのゲルを切り出した後に，SDS処理をし，タンパク質を負に荷電させます．そのゲルを2次元目のSDS-PAGE上にロードして展開します．検出バンドは1次元目に比べて丸い形をしています．

パク質の等電点と等しいpHをもつゲル上の領域で移動しなくなります．この時，試料には塩や陽イオン性や陰イオン性の界面活性剤を含まないようにして，pHが変化しないようにします．リン酸化の導入があった場合は，酸性側へ等電点が変化し，泳動度が変化します．2次元目には，切り出した1次元目のゲルを用いて分子量による分離をSDS-PAGEを用いて行います（図1）．

塩基性タンパク質の翻訳後修飾解析

ヒストンをはじめとする塩基性のタンパク質の翻訳後修飾の有無を解析するには，AU（Acid-Urea）-PAGEやAUT（Acid-Urea-Triton X-100）-PAGEが有効です（図2）．AU-PAGEは酢酸と尿素を含む酸性条件のゲルによる電気泳動法です．酸性条件下の電気泳動では，等電点が高い塩基性タンパク質は正に帯電するためアルカリ性条件下と比べて泳動度がはっきりとわかれます．タンパク質の正味電荷を変化させるアセチル化やリン酸化修飾の有無を検出できます．

また，AUT-PAGEではAU-PAGEに非イオン界面活性剤のTriton X-100を加えたゲルを用いた電気泳動です．Triton X-100はタンパク質の電荷を変えることなく，タンパク質の疎水性アミノ酸側鎖と結合し，タンパク質の見

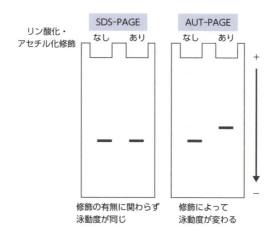

図2　AUT-PAGEによる塩基性タンパク質の解析

SDS-PAGEにおいて，陰イオン性界面活性剤であるSDSの結合による負電荷を塩基性タンパク質が中和してしまうため，分離能が低下し，修飾が入っているか区別できない場合があります．AUT-PAGEは酸性条件下で行うため，塩基性タンパク質は正の電荷を帯びます．リン酸化やアセチル化修飾を含む場合，電荷の減少に伴い，泳動度が小さくなります．したがって，泳動度の違いによって修飾の有無が判断可能となります．注意すべき点としては，泳動の際はSDS-PAGEとは電極を反対に，陽極側から陰極側となるようセットします．

かけ上の質量を変化させます．それにより，AU-PAGEでは分離できないような分子量の近いタンパク質を分離できる可能性があります．

(藤田理紗)

タンパク質の声

修飾が 生体内と 違いません？

生体内のタンパク質にはさまざまな翻訳後修飾が導入されています．翻訳後修飾の有無は，タンパク質の機能に大きな影響を与える場合があるので，このことを考慮に入れて研究を進めましょう．

参考文献・ウェブサイト

1）「改訂　タンパク質実験ハンドブック」(竹縄忠臣，伊藤俊樹/編)，羊土社，2011
2）2-D Electrophoresis and Analysis．http://www.bio-rad.com/ja-jp/applications-technologies/2-d-electrophoresis-analysis

3 ）「The Protein Protocols Handbook」(John M. Walker, ed), Humana Press, 2002

4 ）2次元電気泳動の原理と方法. http://www.atto.co.jp/technical_info/electrophoresis/2delectrophoresis

5 ）Ryan CA & Annunziato AT：Curr Protoc Mol Biol, Chapter 21：Unit 21.2, 2001

第6章

大切なタンパク質，保存は万全ですか？

1 とりあえずフリーザー，になっていないですか？ ……… 174
2 冷蔵庫のタンパク質，腐らせていませんか？ ……… 177

第6章　大切なタンパク質，保存は万全ですか？

1 とりあえずフリーザー，になっていないですか？

Case

常識度 ★★☆☆☆　　危険度 ★☆☆☆☆

大学院生のAさんは，やっとのことで研究対象のタンパク質をリコンビナントタンパク質として精製することに成功しました．精製タンパク質の分解を防ぐために，精製後，すぐにサンプルを凍結してディープフリーザーに保管しました．次の日，ついに精製タンパク質の活性が評価できると，いつもより早く実験室に来ました．早速，ディープフリーザーからサンプルをとり出して融解してみると，大量の沈殿物が…．Aさんはどうしていいかわかりません．

キーワード ▶ 凍結融解，凍結防止剤，瞬間凍結

精製タンパク質をフリーザーに入れる前に

　精製タンパク質の凍結保存の目的は，その性質の時間的変化を最小限に抑えることだと言えます．精製タンパク質は，わずかに混入したプロテアーゼによる分解を回避するために，氷中もしくは4℃程度の冷蔵庫や低温室にて保存するとよいです．一方で，精製タンパク質を数週間以上にわたって長期保存するには，精製タンパク質を冷凍して保存する必要があります．しかし，精製したタンパク質を「とりあえずフリーザーに入れておく」のには注意が必要です．その理由は，凍結融解によりタンパク質が変性してしまい，融解後にはその活性を失っているか低下してしまうことがあるためです．また，数種のタンパク質で構成されるタンパク質複合体の場合，その複合体が凍結によって崩壊する可能性もあります．凍結による変性に起因して，Caseの例のようにタンパク質が沈殿するなどの目で見てわかるタンパク質の状態変化

があれば良いのですが，その変化が見た目で分からないこともあります．そのようなタンパク質を使用した実験では，結果の解釈が困難になります．こうした状況を防ぐため，新たにタンパク質を精製した場合，まずは4℃で保存したサンプルと一度凍結したサンプルの活性や性質を比較して，その結果から保存方法を決定します．第5章-1にて紹介したような手法でタンパク質の会合状態を調べることで，凍結変性による影響の有無を知ることができます．もちろん4℃で保存したサンプルは，できる限り保存期間を少なくして，速やかに実験に使用することを勧めます．

　また，グリセリンやエチレングリコールなどの凍結防止剤を20〜50％（v/v）程度含む溶液は，−20℃程度までは凍結しませんので，凍結防止剤を含む溶液中で精製タンパク質を−20℃で保存する方法もあります．この方法では，4℃保存で危惧されるような，精製過程で混入したプロテアーゼによる精製タンパク質の分解，および冷凍保存によるタンパク質の変性を低減することができます．また，凍結融解をくり返すことは，凍結によるタンパク質の変性のリスクを高めることにつながります．精製後のタンパク質を凍結保存する場合は，1回の実験で使い切るように少量ずつチューブに分注し，一度融解したサンプルは廃棄することが望ましいです．

精製タンパク質の凍結方法

　次に，精製タンパク質の凍結方法および保存方法を紹介します．精製タンパク質を含む溶液を冷凍する際に，まずは液体窒素による瞬間凍結を行うことが望ましいです．瞬間凍結せずにフリーザーで冷却して精製タンパク質を凍結する場合には，タンパク質溶液中の水が外側から順番に凍結するため，氷の形成に伴ってタンパク質に物理的なダメージが与えられます．液体窒素による瞬間凍結では，サンプル溶液全体が同時に氷化するため，タンパク質への物理的なダメージが少ないと考えられています．瞬間凍結した精製タンパク質は，−80℃にて凍結保存することで，安定に長期間保存することが可能になります．

（町田晋一）

> タンパク質の声
>
> **凍結の 仕方によっては 仇となる**
>
> タンパク質は凍結により,変性する場合もあるので,注意が必要です.

第6章 大切なタンパク質，保存は万全ですか？

2 冷蔵庫のタンパク質，腐らせていませんか？

Case

常識度 ★★★★☆　危険度 ★★★☆☆

Eさんはついにタンパク質の精製を完了しました．これまでの先輩の実験から，凍結融解をくり返すとタンパク質の活性が低下することがわかっており，少量ずつに分注して凍結保存することにしています．しかし，他の実験に手一杯で分注・凍結保存する時間がなく，ひとまず冷蔵保存して，手の空いたときに凍結保存しようと考えていました．ところが，翌日以降分注することをすっかり忘れて1カ月が経ってしまいました．その後，このタンパク質を使って実験を行ったところ，先輩の行った実験結果が再現できませんでした．

キーワード ▶ プロテアーゼ阻害剤，冷蔵保存

　凍結融解によるタンパク質の失活を避けるために，精製タンパク質を凍結せずに4℃で保存する場合があります．しかし，その際に精製したサンプルを，保存条件を検討せずにそのまま冷蔵庫に置いていないでしょうか．本稿では，4℃でサンプルを保存する際の処理や事前に検討すべき点について述べていきます．

保存溶液の条件検討

　精製完了後のタンパク質溶液は，最後に用いた精製カラムの溶出時のバッファー，もしくは解析に用いるバッファーに置換して保存することが多いと思います．しかし，そのバッファー組成が，タンパク質の保存に適しているかどうか検討しているでしょうか．不適切な溶液で保存した場合，タンパク

質の凝集や失活をまねいてしまうことがあります．検討事項の1つに緩衝剤の種類およびpHがあります（第4章-1）．緩衝剤の種類およびpHと目的タンパク質の相性をあらかじめ検討し，適切な緩衝剤およびpH領域を明らかにして，その条件に従った緩衝液を用いましょう．

タンパク質のアミノ酸配列にシステインを含む場合は保存溶液に還元剤を加えることも考慮しましょう．システインのチオール基は酸化されることで，ジスルフィド結合を形成します．非特異なジスルフィド結合が分子間で生じるとタンパク質の構造変化や凝集を引き起こし，タンパク質が失活してしまいます．そこで，酸化を防ぐために還元剤である2-メルカプトエタノール（最終濃度5〜20 mM）やジチオトレイトール（DTT，最終濃度0.5〜1 mM）を加えます．このとき注意するべきなのは，還元剤が酸化されやすいという点です．DTTは酸化されると内部ジスルフィド結合を形成し，還元剤として機能しなくなりますが，タンパク質自体に影響を与えることはありません．したがって，DTTは使用直前に溶液へ添加してください．一方で，2-メルカプトエタノールは酸化されるとタンパク質とジスルフィド結合を形成する場合があるため，失活や凝集を引き起こす可能性が考えられます．

また，抗体やインスリンといった分泌タンパク質ではジスルフィド結合によって立体構造が保持されています．そのようなタンパク質には還元剤を加えると失活を招きますので，加えないようにしましょう．

これらの還元剤とタンパク質の性質を考慮して，必要な場合に使用してください．

細菌・プロテアーゼによる分解を防ぐ

タンパク質溶液は高濃度である方が，安定性が高いことが報告されています[3]．これは4℃で保存する場合も同様であり，タンパク質の溶液濃度を上げるために，濃縮やキャリアタンパク質（BSA）の添加が有効です．しかし，これだけの処理では4℃で保存するときには不十分です．

1 細菌のコンタミネーションを防ぐ

細菌によってタンパク質が分解されてしまうので，細菌のコンタミネーション

および増殖を防止する必要があります．そのために，防腐剤の添加やフィルターの使用が有効です．抗菌にはアジ化ナトリウムやチメロサールが用いられ，それぞれ最終濃度が0.1％（w/v），0.01％（w/v）となるように加えます．ただし，防腐剤がタンパク質の性質に影響を及ぼす場合があるので，事前に確認をしましょう．例えば，アジ化物はヘムを補因子にもつタンパク質を失活させてしまいます．さらには，タンパク質の機能解析時や結晶化時には透析やゲル濾過カラムクロマトグラフィーによる防腐剤の除去が望ましいです．

　防腐剤を加えない場合は，0.22μmフィルターを用いたサンプル溶液の濾過によって滅菌することで防腐剤の代替が可能です．0.22μmのポアサイズの濾過ではバクテリアを除去することができます．その際に使用する器具はタンパク質が低吸着で，無菌処理しているものを使用してください．

　確実に細菌のコンタミネーションを防ぐためにはフィルターと防腐剤の併用がより有効です．

2 プロテアーゼの活性を抑える

　タンパク質の精製途中でプロテアーゼを完全にとり除くことは難しく，自分では高純度に精製できたと思っていても，ごく少量のプロテアーゼが必ず混入していると考えた方が無難です．そのため，保存中のタンパク質は，いずれ分解されます．そこでプロテアーゼによる分解を防止するために，プロテアーゼ阻害剤が多く用いられています．表に4種類のプロテアーゼとそれらに有効であるプロテアーゼ阻害剤を示します[4]．

　プロテアーゼ阻害剤には多数の種類があるので，目的タンパク質の用途によって，阻害剤の活性に最適なpHや還元剤の必要性なども考慮して，適切な組成を決定する必要があります．複数の阻害剤を添加する場合には，市販されているプロテアーゼ阻害剤カクテルが便利です．このとき，阻害剤添加によって，目的タンパク質の活性などに悪影響が出ないことを事前に確認しておきましょう．例えば，目的タンパク質が金属イオン要求性の場合，EDTAフリーの阻害剤を使用する必要があります．以上のことを考えると，CaseのEさんのタンパク質は，細菌のコンタミもしくは阻害されていなかったプロテアーゼによって分解されたと考えられます．

表　プロテアーゼ阻害剤の種類

プロテアーゼの種類	プロテアーゼ阻害剤（至適濃度）	備考
セリンプロテアーゼ	PMSF（0.5〜1 mM）	有機溶媒（アセトンなど）に溶かし、タンパク質溶液には使用直前に加える．
	アプロチニン（0.1 μM）	58アミノ酸からなるポリペプチド．プロテアーゼを可逆的に不活化させる．
システインプロテアーゼ	PMSF（0.5〜1 mM）	上記参照
	ロイペプチン（10 μM）	プロテアーゼを可逆的に不活化させる．
酸性プロテアーゼ（アスパラギン酸プロテアーゼ）	ペプスタチン（0.1〜1 μM）	プロテアーゼを可逆的に不活化させる．
金属プロテアーゼ	EDTA（1 mM）	金属イオンをキレートするため、金属イオン要求性の反応に用いる場合、使用しない．

　凍結による活性低下を防ぐためにも精製後24時間以内であれば、基本的に4℃で保存しても問題はありません．ただし、タンパク質によって異なるものの、4度で保存したサンプルは数週間程度で使用し、それ以上の長期保存を行う場合には凍結保存が好ましいです．凍結保存（−20℃または−80℃）では、1年から数年にわたって保存可能です．ただし、精製から時間が大幅に経っている場合、活性の確認を行うとよいでしょう．

（藤田理紗）

タンパク質の声

タンパク質　冷やすだけでは　物足りない

精製できたタンパク質を失活や分解から防ぐために適切な条件を検討しましょう．

参考文献・ウェブサイト

1）「新生化学実験講座 タンパク質Ⅰ 分離・精製・性質」（日本生化学会／編），東京化学同人，1990
2）Protein Expression and Purification Core Facility．https://www.embl.de/pepcore/pepcore_services/protein_purification/storage_purified_proteins/
3）Ó'Fágáin C：Storage of Pure Proteins．「Protein Purification Protocols」（Paul Cutler, ed），Humana Press，2004
4）プロテアーゼ阻害剤の特徴．http://www.gelifesciences.co.jp/technologies/protein_preparation/inhibitor.html

索 引

数字

2×YT 培地 ……………………… 66
2 次元電気泳動 ………………… 168
2-メルカプトエタノール …… 178

アルファベット

AU-PAGE ……………………… 169
AUT-PAGE …………………… 169
BCA 法 ………………………… 136
Biacore ………………………… 158
Biuret 法 ……………………… 135
BLAST ………………………… 26
blue native-PAGE …………… 20
CBB ……………………… 20, 131
cDNA …………………………… 29
cDNA ライブラリー ………… 30
CDS …………………………… 24, 34
CD スペクトル ………………… 151
Codon usage …………………… 31
DE3 …………………………… 74
DH5α …………………………… 74
DNA 塩基配列 ………………… 24
DTT ……………………… 94, 178
Enterokinase ………………… 115
ESI ……………………………… 164
ExPASy ………………………… 81
Factor Xa ……………………… 115
FLAG タグ …………………… 113

Good's buffer ………………… 87
HA タグ ………………………… 113
His₆ タグ ……………………… 112
HRV 3C プロテアーゼ ……… 114
ITC …………………………… 159
JM109 ………………………… 74
Laemmli（レムリー）法 … 16
LB 培地 ………………………… 62
Lowry 法 ……………………… 135
M9 培地 ………………………… 64
MALDI ………………………… 164
native PAGE ………………… 17
NCBI …………………………… 24
N,N'-メチレンビスアクリルア
ミド（BIS）………………… 16
PCR …………………………… 29
PDB …………………………… 38
pH メーター …………………… 88
PMSF ………………………… 101
SDS-PAGE …… 18, 80, 157, 163
Seamless cloning …………… 54
SOC 培地 ……………………… 63
SPR …………………………… 158
Strep（II）タグ ……………… 113
T7 RNA ポリメラーゼ ……… 72
T7 プロモーター ……………… 45
TB 培地 ………………………… 63
TCEP …………………………… 94
TEV プロテアーゼ …………… 115
Thrombin ……………………… 114
UniProt ………………………… 24

ギリシャ文字

αヘリックス ………………… 151
βシート ……………………… 151
β-メルカプトエタノール … 94

あ行

アガロースゲル ………………… 15
アクリルアミド ………………… 16
アシル化 ……………………… 167
アフィニティーカラム ………… 91
アフィニティークロマトグラ
フィー ……………………… 91, 103
アフィニティー精製法 ……… 104
アフィニティータグ … 102, 118
アラニンスキャニング ……… 57
イオン交換クロマトグラフィー
……………………………… 105, 141
陰イオン交換カラム ………… 116
イントロン ……………………… 30
インバース PCR ……………… 57
ウエスタンブロッティング
……………………………… 21, 158
ウエスタンブロット …………… 81
エキソン ………………………… 30
塩基性タンパク質 …………… 169
塩酸グアニジン ……………… 118
円二色性分光法 ……………… 151
塩濃度 …………………………… 92
オートクレーブ ………………… 67

か行

回復培養 ……………………… 64, 72
界面活性剤 ……………………… 94

カタボライト抑制……………65
カラム……………………122
カルタヘナ法……………68
還元剤…………………94, 178
緩衝剤……………………86, 92
緩衝範囲…………………87
寒天培地…………………63
逆転写……………………30
吸光係数…………………127
吸光度……………………127
凝集体……………………117
キレート剤………………94
銀染色……………………20
組換え大腸菌……………68
グリセロール溶液………10
グルタチオン S -トランスフェ
　ラーゼタグ……………112
クローニング……………62
クローニングベクター……51
クロマトグラフィー………103
形質転換…………………72
ゲル濾過クロマトグラフィー
　………………106, 139, 147
構造予測…………………38
抗体………………………168
コンタミネーション……67, 178
コンピテンシー…………71
コンピテントセル………71

さ行

最大圧力…………………125
最大流速…………………125
シークエンスビューアー……26

紫外吸収法…………127, 130, 136
システインプロテアーゼ……101
ジスルフィド結合（S–S結合）
　………………………18
質量分析………81, 157, 164, 168
脂肪酸付加………………167
瞬間凍結…………………175
人工遺伝子合成…………31
ストップコドン…………34
制限酵素…………………51
精製………………………79, 102
精製カラム………………102
精製タンパク質…………174
精製法……………………103
セリンプロテアーゼ……101
選択マーカー遺伝子……46
相同組換え………………54
疎水性相互作用クロマトグラ
　フィー…………………105
ソニケーター……………98

た行

大腸菌………43, 62, 74, 83, 97
大腸菌株…………………74
タグ………………………111
ダブルタグ………………113
タンパク質コード配列……24
タンパク質定量法………134
タンパク質の分解………161
タンパク質の立体構造……11
超音波破砕………………97, 119
長期保存…………………174
沈降速度法………………149

沈降平衡法………………149
電荷………………………17
電気泳動…………………15
等温滴定型熱量測定………159
凍結………………………13
凍結防止剤………………175
凍結融解…………………174
糖鎖修飾…………………167
動的光散乱法……………148
等電点…………………88, 105
等電点電気泳動…………168
ドメイン…………………26
トリシン…………………20

な行

二次構造…………………150
尿素………………………118
認識配列…………………53
熱変性……………………99
濃縮ゲル…………………17
濃度測定…………………130

は行

培養液量…………………77
培養温度…………………83
培養条件…………………83
培養スケール……………78
発現条件…………………78
発現プラスミド…………51, 57
ビウレット反応…………135
ビウレット法……………135
光散乱……………………146
比色法……………………131

182 あなたのタンパク質精製、大丈夫ですか？

ビシンコニン酸法⋯⋯⋯⋯⋯136

ヒドロキシアパタイトカラム
⋯⋯⋯⋯⋯⋯⋯⋯⋯⋯⋯116

非変性ポリアクリルアミドゲル
電気泳動⋯⋯⋯⋯⋯⋯⋯17

表面プラズモン共鳴法⋯⋯⋯158

封入体⋯⋯⋯⋯⋯⋯⋯⋯⋯117

フォールディング⋯83, 92, 150

複製起点⋯⋯⋯⋯⋯⋯⋯⋯44

不溶化⋯⋯⋯⋯⋯⋯⋯⋯⋯81

不溶性タンパク質⋯⋯⋯⋯119

プラスミド⋯⋯⋯⋯⋯⋯43, 71

プラスミドDNA⋯⋯⋯⋯⋯79

ブラッドフォード法
⋯⋯⋯⋯⋯⋯⋯⋯131, 134

フレームシフト⋯⋯⋯⋯⋯34

プロテアーゼ
⋯⋯⋯⋯⋯100, 113, 161, 178

プロテアーゼ阻害剤
⋯⋯⋯⋯⋯⋯10, 101, 179

プロテアーゼ認識サイト⋯⋯45

プロモーター⋯⋯⋯⋯⋯⋯45

分取用電気泳動装置⋯141, 143

分子量⋯⋯⋯⋯⋯⋯⋯⋯18

分析超遠心解析⋯⋯⋯147, 148

分離ゲル⋯⋯⋯⋯⋯⋯⋯16

ヘキサヒスチジンタグ⋯⋯112

ベクター⋯⋯⋯⋯⋯⋯⋯43

ヘパリンセファロースカラム
⋯⋯⋯⋯⋯⋯⋯⋯⋯116

変異体⋯⋯⋯⋯⋯⋯⋯⋯56

変性剤⋯⋯⋯⋯⋯⋯⋯⋯118

芳香族アミノ酸⋯⋯⋯⋯127

防腐剤⋯⋯⋯⋯⋯⋯⋯⋯179

ポリアクリルアミドゲル⋯⋯15

翻訳後修飾⋯⋯⋯⋯⋯⋯166

ま行

マルチクローニングサイト
⋯⋯⋯⋯⋯⋯⋯⋯⋯44

滅菌⋯⋯⋯⋯⋯⋯⋯⋯⋯67

や行

融合タグ⋯⋯⋯⋯⋯⋯⋯45

陽イオン交換カラム⋯⋯⋯116

ら行

リードスルータンパク質⋯⋯81

リコンビナントタンパク質
⋯⋯⋯⋯⋯⋯⋯⋯80, 91

立体構造⋯⋯⋯⋯⋯⋯18, 38

リフォールディング⋯⋯⋯119

リボソーム結合領域⋯⋯⋯45

硫安分画⋯⋯⋯⋯⋯⋯⋯108

硫酸アンモニウム⋯⋯⋯108

リン酸化⋯⋯⋯⋯⋯⋯⋯167

レアコドン⋯⋯⋯⋯⋯⋯75

冷蔵保存⋯⋯⋯⋯⋯⋯⋯177

レジン⋯⋯⋯⋯⋯⋯⋯⋯122

ローリー法⋯⋯⋯⋯⋯⋯135

索引

編著者一覧

編集・執筆

胡桃坂仁志　　東京大学定量生命科学研究所クロマチン構造機能研究分野

有村　泰宏　　東京大学定量生命科学研究所クロマチン構造機能研究分野

執筆

飯倉ゆかり　　東京大学定量生命科学研究所クロマチン構造機能研究分野

加藤　大貴　　早稲田大学先進理工学研究科電気・情報生命専攻

鯨井　智也　　東京大学定量生命科学研究所クロマチン構造機能研究分野

小林　　航　　早稲田大学先進理工学研究科電気・情報生命専攻

小山　昌子　　東京大学定量生命科学研究所クロマチン構造機能研究分野

佐藤　祥子　　東京大学定量生命科学研究所クロマチン構造機能研究分野

田口　裕之　　早稲田大学先進理工学研究科電気・情報生命専攻

立和名博昭　　がん研究会がん研究所がん生物部

野澤　佳世　　東京大学定量生命科学研究所クロマチン構造機能研究分野

藤田　理紗　　早稲田大学先進理工学研究科電気・情報生命専攻

堀越　直樹　　早稲田大学先進理工学研究科電気・情報生命専攻

町田　晋一　　早稲田大学先進理工学研究科電気・情報生命専攻

編者プロフィール

編集

胡桃坂仁志（東京大学　定量生命科学研究所　教授）

東京薬科大学 卒業．1995年，埼玉大学にて博士後期課程修了．米国国立保健研究所（NIH）博士研究員，理化学研究所 研究員，早稲田大学先進理工学部 電気・情報生命工学科 准教授，教授を経て，2018年より現職．染色体の基盤構造であるクロマチンの試験管内再構成と構造生物学解析をおこなう．主著として『基本がわかれば面白い！バイオの授業』『イラストでみるやさしい先端バイオ』（いずれも羊土社），他．
【メッセージ】大学時代の指導教員に「解析方法はどんどん変わっていくが，ものとり（タンパク質精製）は絶対に不要にはならない」言われました．あれから30年近くが経った今でも，タンパク質精製は生命科学において欠かせない技術です．本書がタンパク質精製をおこなう多くの人の助けになり，科学の発展に貢献できることを願います．

有村泰宏（東京大学　定量生命科学研究所　特任助教）

早稲田大学 卒業．2015年，早稲田大学にて博士後期課程修了．早稲田大学先進理工学部 電気・情報生命工学科 助手，助教を経て，2018年より現職．クロマチンの試験管内再構成とX線結晶構造解析をおこなってきた．
【メッセージ】タンパク質の性質は，タンパク質ごとに大きく異なり，ゆえに精製法もそれぞれ全く異なります．個々のタンパク質について，さまざまな精製法を検討する必要があるため，これから新たに実験する人は失敗を乗り越えながら，最適な精製方法を模索していく必要があります．せっかく精製していたタンパク質が分解したり，失活してしまったときには，大変残念な気持ちになりますが，それも正しい精製法にたどり着くための必要な情報を提供します．本書にはさまざまな失敗例とそれを乗り越えるためのエッセンスをつめこみました．この本が，タンパク質精製をおこなう実験者の一助になれば幸いです．

実験医学別冊

あなたのタンパク質精製、大丈夫ですか？

貴重なサンプルをロスしないための達人の技

2018年9月15日　第1刷発行	編　集	胡桃坂仁志，有村泰宏
	発行人	一戸裕子
	発行所	株式会社 羊 土 社
		〒101-0052
		東京都千代田区神田小川町2-5-1
		TEL　03（5282）1211
		FAX　03（5282）1212
		E-mail　eigyo@yodosha.co.jp
		URL　www.yodosha.co.jp/
	装　幀	日下充典
ⓒ YODOSHA CO., LTD. 2018	印刷所	株式会社加藤文明社
Printed in Japan	広告取扱	株式会社　エー・イー企画
		TEL　03（3230）2744（代）
ISBN978-4-7581-2238-2		URL　http://www.aeplan.co.jp/

本書に掲載する著作物の複製権，上映権，譲渡権，公衆送信権（送信可能化権を含む）は（株）羊土社が保有します．
本書を無断で複製する行為（コピー，スキャン，デジタルデータ化など）は，著作権法上での限られた例外（「私的使用のための複製」など）を除き禁じられています．研究活動，診療を含む業務上使用する目的で上記の行為を行うことは大学，病院，企業などにおける内部的な利用であっても，私的使用には該当せず，違法です．また私的使用のためであっても，代行業者等の第三者に依頼して上記の行為を行うことは違法となります．

JCOPY ＜（社）出版者著作権管理機構 委託出版物＞
本書の無断複写は著作権法上での例外を除き禁じられています．複写される場合は，そのつど事前に，（社）出版者著作権管理機構（TEL 03-3513-6969，FAX 03-3513-6979，e-mail：info@jcopy.or.jp）の許諾を得てください．

強い結合力・高い特異性・低コストを実現した新規アフィニティータグ

PA tag & TARGET tag

強い結合力で目的タンパク質を効率的に精製

- PA tag と抗 PA tag 抗体の結合力：K_D (M) $=4.9\times10^{-10}$
- TARGET tag と抗 TARGET tag 抗体の結合力：K_D (M) $=1.0\times10^{-8}$

高い特異性

- 抗 PA tag 抗体と抗 TARGET tag 抗体は高い特異性で抗原ペプチドに結合
- 細胞ライセートや培養上清でも高純度に標的タンパク質が精製可能

低いランニングコスト

- 中性洗浄液によるマイルドなビーズ再生
- 40〜60 回ビーズの再生が可能なため低いランニングコストを実現

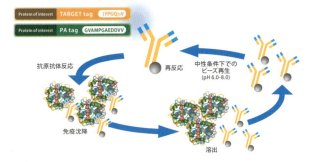

PA/TARGET tag 発現ベクター	抗 PA/TARGET tag 抗体ビーズ	抗 PA/TARGET tag 抗体
PA/TARGET tag ペプチド	標識済抗 PA/TARGET tag 抗体	PA/TARGET tag 洗浄液

製品詳細は当社 Web サイトをチェック！　http://wako-tag.jp/

富士フイルム 和光純薬株式会社

フリーダイヤル 0120-052-099
試薬 URL：https://labchem.wako-chem.co.jp
E-mail：ffwk-labchem-tec@fujifilm.com

本　社　〒540-8605　大阪市中央区道修町三丁目 1 番 2 号　TEL：06-6203-3741（代表）
東京本店　〒103-0023　東京都中央区日本橋本町二丁目 4 番 1 号　TEL：03-3270-8571（代表）

営業所：九州・中国・東海・横浜・筑波・東北・北海道

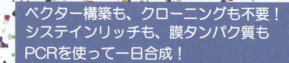

クローニング不要!!
無細胞タンパク質合成試薬キット

ベクター構築も、クローニングも不要！
システインリッチも、膜タンパク質も
PCRを使って一日合成！

プロトコール等詳細はWebサイトをご覧ください
http://nuprotein.jp

NUProtein株式会社
神戸市中央区港島9-1

製品に関するお問い合わせ大歓迎
メール： contact@nuprotein.jp

NATURE'S ROBOTS
―それはタンパク質研究の壮大な歴史

原　書 『NATURE'S ROBOTS－A HISTORY OF PROTEINS』
原著者　Charles Tanford & Jacqueline Reynolds
監訳者　浜窪　隆雄（東京大学）

タンパク質研究に大きな貢献をもたらしたタンフォードたちが辿った、喜びと苦悩の物語。その面白さや刺激は、発刊直後からNatureやScienceも大絶賛！

A5判342頁　定価：本体2,800円＋税　ISBN978-4-86043-473-1

未病医学標準テキスト

一般社団法人日本未病システム学会編

健康－病気の間の、第三の心身状態を科学されたエビデンスのある未病として提供！
ITの革新により未病の"見える化"も現実となる昨今、学会活動25年間の知的データを凝縮し上梓！

B5判324頁　定価：本体6,800円＋税　ISBN978-4-86043-543-1

株式会社 エヌ・ティー・エス
〒102-0091 東京都千代田区北の丸公園2-1 科学技術館2階
TEL：03-5224-5430　http://www.nts-book.co.jp

あなたの細胞培養、大丈夫ですか？！

ラボの事例から学ぶ
結果を出せる「培養力」

中村幸夫／監修　西條 薫，小原有弘／編集

医学・生命科学・創薬研究に必須とも言える「細胞培養」．でも，コンタミ，取り違え，知財侵害…など熟練者でも陥りがちな落とし穴がいっぱい．こうしたトラブルを未然に防ぐ知識が身につく「読む」実験解説書です．

□ 定価（本体3,500円＋税）　□ A5判
□ 246頁　□ ISBN 978-4-7581-2061-6

発行　羊土社

羊土社のオススメ書籍

基礎から学ぶ遺伝子工学 第2版

田村隆明／執筆

豊富なカラーイラストで遺伝子工学のしくみを基礎から丁寧に解説．組換え実験に入る前に押さえておきたい知識が無理なく身につく．次世代シークエンサーやゲノム編集など近年の進展技術を追加．章末問題＆解答付き．

□ 定価（本体3,400円＋税） □ B5判
□ 270頁 □ ISBN 978-4-7581-2083-8

実験医学別冊
エピジェネティクス実験スタンダード
もう悩まない！ ゲノム機能制御の読み解き方

牛島俊和，眞貝洋一，塩見春彦／編集

遺伝子みるならエピもみよう！ DNA修飾，ヒストン修飾，ncRNA，クロマチン構造解析で結果を出せるプロトコール集．目的に応じた手法の選び方から，解析の幅を広げる応用例までを網羅した決定版．

□ 定価（本体7,400円＋税） □ B5判
□ 398頁 □ ISBN 978-4-7581-0199-5

実験医学別冊
細胞・組織染色の達人
実験を正しく組む，行う，解釈する免疫染色とISHの鉄板テクニック

高橋英機／監修 大久保和央／執筆
ジェノスタッフ株式会社／執筆協力

国内随一の技術者集団「ジェノスタッフ株式会社」が総力を結集！免疫染色・*in situ* ハイブリダイゼーションで"正しい結果"を得るための研究デザインから結果の解釈まで，この1冊で達人の技が学べます．

□ 定価（本体6,200円＋税） □ AB判
□ 186頁 □ ISBN 978-4-7581-2237-5

発行 羊土社 YODOSHA
〒101-0052 東京都千代田区神田小川町2-5-1 TEL 03(5282)1211 FAX 03(5282)1212
E-mail : eigyo@yodosha.co.jp
URL : www.yodosha.co.jp/
ご注文は最寄りの書店，または小社営業部まで

羊土社のオススメ書籍

実験で使うとこだけ 生物統計1 キホンのキ 改訂版

池田郁男／執筆

好評の入門書が統計家の査読を受け改訂！母集団や標本を「研究者」として理解していますか？検定前の心構えから平均値±SD，±SEの使い分けまで，検定法の理解に必須な基本を研究者として捉え直しましょう．

- □ 定価（本体2,200円＋税）　□ A5判
- □ 110頁　□ ISBN 978-4-7581-2076-0

マンガでわかるゲノム医学 ゲノムって何？を知って健康と医療に役立てる！

水島-菅野純子／執筆　サキマイコ／イラスト

かわいいキャラクター「ゲノっち」と一緒に，生命の設計図＝ゲノムと遺伝情報に基づいた最新医学について学ぼう！　非専門家でも読みこなせる「マンガ」パートと，研究者・医療者向けの「解説」パートの2部構成．

- □ 定価（本体2,200円＋税）　□ A5判
- □ 221頁　□ ISBN 978-4-7581-2087-6

実験医学別冊 あなたのラボにAI（人工知能）×ロボットがやってくる

研究に生産性と創造性をもたらすテクノロジー

夏目 徹／編集

人工知能は生命科学研究を行い，研究論文を書けるのか？ロボットは繊細な実験プロトコールを再現できるのか？変わるライフサイエンスの現場を描く，導入実例とレビューを満載した1冊．

- □ 定価（本体3,300円＋税）　□ B5判
- □ 140頁　□ ISBN 978-4-7581-2236-8

発行　羊土社 YODOSHA　〒101-0052 東京都千代田区神田小川町2-5-1　TEL 03(5282)1211　FAX 03(5282)1212
E-mail : eigyo@yodosha.co.jp
URL : http://www.yodosha.co.jp/

ご注文は最寄りの書店，または小社営業部まで